你错了，爱因斯坦先生！

你错了，爱因斯坦先生！

牛顿、爱因斯坦、海森伯和费恩曼探讨量子力学的故事

[德] 哈拉尔德·弗里奇　著

邢志忠　邢紫烟　译

世纪出版集团　上海科技教育出版社

出版说明

自中西文明发生碰撞以来，百余年的中国现代文化建设即无可避免地担负起双重使命。梳理和探究西方文明的根源及脉络，已成为我们理解并提升自身要义的借镜，整理和传承中国文明的传统，更是我们实现并弘扬自身价值的根本。此二者的交汇，乃是塑造现代中国之精神品格的必由进路。世纪出版集团倾力编辑世纪人文系列丛书之宗旨亦在于此。

世纪人文系列丛书包涵“世纪文库”、“世纪前沿”、“袖珍经典”、“大学经典”及“开放人文”五个界面，各成系列，相得益彰。

“厘清西方思想脉络，更新中国学术传统”，为“世纪文库”之编辑指针。文库分为中西两大书系。中学书系由清末民初开始，全面整理中国近现代以来的学术著作，以期为今人反思现代中国的社会和精神处境铺建思考的进阶；西学书系旨在从西方文明的整体进程出发，系统译介自古希腊罗马以降的经典文献，借此展现西方思想传统的生发流变过程，从而为我们返回现代中国之核心问题奠定坚实的文本基础。与之呼应，“世纪前沿”着重关注二战以来全球范围内学术思想的重要论题与最新进展，展示各学科领域的新近成果和当代文化思潮演化的各种向度。“袖珍经典”则以相对简约的形式，收录名家大师们在体裁和风格上独具特色的经典作品，阐幽发微，意趣兼得。

遵循现代人文教育和公民教育的理念，秉承“通达民情，化育人心”的中国传统教育精神，“大学经典”依据中西文明传统的知识谱系及其价值内涵，将人类历史上具有人文内涵的经典作品编辑成为大学教育的基础读本，应时代所需，顺时势所趋，为塑造现代中国人的人文素养、公民意识和国家精神倾力尽心。“开放人文”旨在提供全景式的人文阅读平台，从文学、历史、艺术、科学等多个面向调动读者的阅读愉悦，寓学于乐，寓乐于心，为广大读者陶冶心性，培植情操。

“大学之道，在明明德，在新民，在止于至善”(《大学》)。温古知今，止于至善，是人类得以理解生命价值的人文情怀，亦是文明得以传承和发展的精神契机。欲实现中华民族的伟大复兴，必先培育中华民族的文化精神；由此，我们深知现代中国出版人的职责所在，以我之不懈努力，做一代又一代中国人的文化脊梁。

上海世纪出版集团

世纪人文系列丛书编辑委员会

2005 年 1 月

你错了，爱因斯坦先生！

目录

1 内容提要

3 作者简介

5 序言

---

1 引言

10 第一章 量子理论的起点

21 第二章 原子

35 第三章 波与粒子

53 第四章 量子振子

60 第五章 氢原子

69 第六章 自旋：一个新量子数

76 第七章 力与粒子

87 第八章 元素周期表

95 第九章 狄拉克方程与反粒子

104 第十章 电子和光子
114 第十一章 色夸克和胶子
128 第十二章 中微子振荡
136 第十三章 粒子的质量
141 第十四章 自然界的基本常量
151 第十五章 结局

153 物理学家小传
161 译后记

内 容 提 要

对绝大多数人而言，量子力学似乎是一门与日常生活毫不相干而且神秘莫测的学科，只有物理学家才能理解它的真谛以及它所描绘的量子世界。但事实并非如此。其实我们每个人都可以轻松地领会量子物理学的基本原理，并从中感知和欣赏那些存在于我们的视野之外、趣味横生的量子现象。在科学化和文明化的现代社会，量子力学至关重要，因此它理应被大众所了解。

作者在本书中模仿了伽利略《关于两大世界体系的对话》(*Dialogue Concerning the Two Chief World Systems*)一书的写作风格，以虚拟的对话形式，让五位不同时代的物理学家展开一系列关于量子力学的起源和发展的热烈讨论，文笔生动有趣、通俗易懂。参与讨论的是牛顿、爱因斯坦、海森伯、费恩曼以及作者本人的化身哈勒尔教授，他们的身份象征了从经典力学到量子力学，再到基本粒子物理学的历史发展脉络，而他们的话题涵盖了现代物理学的很多基本概念和原理。牛顿起初对量子物理学一无所知，但是在讨论过程中，他慢慢地也变成了一位量子物理学家。爱因斯坦虽然为量子理论的创立做出过杰出贡献，但后来却不断地质疑这一理论的基础和推论，因此他不得不经常面对海森伯、费恩曼和哈勒尔的批评。刚开始完全不了解量子力学的读者会像牛顿那样从讨论中学到很多东西，也会像爱因斯坦那样惊叹于相对论和量子力学相结合的产物——量子场论——在基本粒子物理学领域所取得的巨大成功。

作者简介

哈拉尔德·弗里奇(Harald Fritzsch),国际著名理论物理学家与科普作家。早年就学于民主德国,1969年移居联邦德国,1971年在慕尼黑工业大学获得博士学位。曾经工作于美国斯坦福大学、加州理工学院和欧洲核子研究中心,1980年成为慕尼黑大学久负盛誉的索末菲讲席教授,2008年退休。他与诺贝尔物理学奖得主盖尔曼(Murray Gell-Mann)合作多年,共同为量子色动力学(描述强相互作用的理论)做出了意义深远的奠基性工作。他在大统一理论、味物理学、中微子物理学等许多领域都做出了原创性的重要贡献。他的科普著作被译成多种文字出版,影响十分广泛,其中《夸克》(*Quarks*)和《改变世界的方程》(*Eine Formel verändert die Welt*)拥有众多读者。在20世纪80年代,他制作的题为《微观世界》(*Mikrokosmos*)的电视系列片在德国常播不衰,影响广泛。

序 言

弗里奇让四位伟大的科学家复生,并展开了关于量子理论的起源和发展的热烈对话。他们讨论的话题包括:普朗克(Planck)不情愿地引进的量子(quanta)概念,玻尔(Bohr)发明的特设的量子规则,薛定谔(Schrödinger)和海森伯(Heisenberg)共同发现的量子力学(quantum mechanics),以及量子力学和爱因斯坦(Einstein)的狭义相对论(special theory of relativity)相结合的丰硕成果——相对论性量子场论(relativistic quantum field theory)。他们的对话揭示出这些早期的科学成就如何将我们引向如今已取得巨大成功的"标准模型"(standard model),后者几乎为所有已知的基本粒子现象提供了一个显然正确的、完备的而且前后一致的描述。

我将简要回顾量子物理学的某些方面,我们是如何得到它们的,以及还存在哪些未解之谜。所有的自然现象都是由四种基本力产生的:引力、电磁力和两种核力——一种是弱相互作用力,另外一种是强相互作用力。在爱因斯坦整个人生的后几十年,他对核力的态度几乎是敷衍了事，不闻不问。与此相反，他却竭尽全力去构建一个关于引力和电磁力的统一理论，但没有成功。我们必须承认，我们所获悉的关于核力的知识对其他大部分的科学学科几乎不会产生直接的影响。原因在于对那些学科而言，原子核同电子一样可以被看做具有特定质量和电荷的类点粒子(pointlike particle)。通过这种理想化的处理，可用薛定谔方程完美地描述每种化学元素的原子。实际上，该方程提供了一个基本的理论框架，支撑着诸如化学、生物学和地质学等许多自然科学分支。当然，懂得了基本规则并不会使这些学科的挑战性降低，就像懂得了国际象棋的规则并不会使人人都成为国际象棋大师一样……但这终究是一个好的开端。

尽管引力在这四种力中最弱，但它的效应却最显而易见。引力解释了地球上和天空中的运动现象。它把属于我们的大气和海洋挽留了下来，并让我们站在地面上。然而，与其他几乎所有现象有关的却是电磁力：它使原子结合在一起，然后使它们组合成诸如分子、老鼠和山脉等。我们自己本质上是电磁生物，我们所看到的、感觉到的、听到的、品尝到的、触摸到的或者制造出来的一切东西也都是电磁力作用所致。引力和电磁力合起来解释了这个世界的几乎所有特性，不管是大尺度的还是小尺度的。这样看来，爱因斯坦忽视核力或许是有道理的。

不过电磁力和引力无法解释太阳和恒星是如何发光的，也不能解释构成人体的化学元素是怎样产生的。如果没有对原子核的深入了解，我们就不会面对核能所带来的希望和危险。这一切都始于 1897 年放射性的发现以及那之后不久原子核本身的发现。科学家们发现原子核是由两种粒子组成的：中子和质子——它们通过很强的短程核力结合在一起。对宇宙线的研究揭示了其他看来是基本的粒子：正电子、μ子、π介子和好几种所谓的奇异粒子(strange particle)。越来越强大的粒子加速器的设计、开发和投入运行，导致了几百种其他粒子的发现。它们的数目太多了，不可能都是基本粒子。

我们已经知道，这些粒子中的大多数根本不是基本的。所有强相互作用的粒子[叫做强子(hadron)]都是由夸克(quark)组成的，夸克之间通过交换胶子(gluon)而束缚在一起。比方说，质子是由两个上夸克(up quark)和一个下夸克(down quark)组成的束缚态，而奇异粒子只不过是含有奇异夸克(strange quark)的束缚态。(然而，我们不可能观测到单个夸克或胶子。)把夸克结合在一起的力叫色相互作用力，量子色动力学(QCD)则是一种与数学上的SU(3)群有关的规范理论(gauge theory)。把核子结合在一起形成原子核的核力只是把夸克结合在一起的色相互作用力的微弱的剩余效应，就像把原子结合在一起形成化合物的化学力其实只是把原子结合在一起的电力的微弱的剩余效应一样。

我们的相互作用力四剑客中的最后一位是弱相互作用力，它容许质子变成中子，从而使得太阳能通过核聚变过程产生能量，也使得死亡已久的恒星能够制造出构成人体的元素。它还容许中子在β衰变的过程中变成质子，而β衰变是三种天然放射性形式中的一种。如今我们知道弱相互作用力和电磁力是密切相关的，有些人把这种相关性说成是这两种力的统一。这两种力无法分开来理解，而只能合在一起在电弱理论(electroweak theory)的框架中来理解。电弱理论基于另外一种规范理论，这种规范理论涉及自发破缺的规范群SU(2)×U(1)。在这种理论中，无质量的光子与很重的弱相互作用的传播子(mediator)W玻色子和Z玻色子联系在一起。电弱理论已经通过了种种实验检验。实际上，它的建立和发展产生了包括我本人在内的八位诺贝尔奖获得者。

电弱理论连同量子色动力学是如今取得巨大成功的标准模型的两个组成部分。标准模型基于作用在三个基本费米子家族上的规范群SU(3)×SU(2)×U(1)，而每个费米子家族是由一对夸克和一对轻子(lepton)组成的。尽管标准模型取得了很多实验上的成功，但仍然存在许多令人烦恼的问题没有得到解决。我开列其中的一部分难题，以此为这篇简短的序言画上句号：

问题(一)：怎样处理被标准模型忽略掉的引力？虽然这种力极其微弱，因此和基本粒子现象没有什么关系，但它在量子世界里不可能仍旧只是一种经典的力。因此建立引力的量子理论至关重要。这项任务也许已经在超弦理论(superstring theory)的框架内实现了，但是到目前为止这个雄心勃勃的理论既没有被实验证实，也没有被证伪。

问题(二)：是什么导致了弱电对称性的破缺，从而使得弱相互作用力很弱，并给出了大多数粒子的质量？希格斯机制(Higgs mechanism)提供了一个简单的解释，但是它也导致了一个深刻的理论问题。许多有独创性的解决方案被提了出来，例如超对称(supersymmetry)和彩(technicolor)模型，但没有一个答案是令人信服的。正在大型强子对撞机(LHC)上开展的实验将会引导我们朝着正确的答案前进，或许我们沿着这条途径会发现那个令人难以捉摸的希格斯玻色子。*

问题(三)：宇宙学家和天文学家已经做出了很多令人吃惊的新发现，包括：我们的宇宙是平坦的，它膨胀得越来越快，宇宙中的大部分质量是暗的，且并非由任何已知的粒子构成的。我们现在知道，宇宙包含

---

* 2012年7月，希格斯粒子在大型强子对撞机上发现了。详情可参阅《希格斯——"上帝粒子"的发明与发现》(上海科技教育出版社，2013年8月)。后文不再加注。——译者

大约70%的暗能量、25%的暗物质和仅仅5%的普通物质，如标准模型所描述的那样。因此人们提出了两个意义深远的问题：什么是暗能量？什么是暗物质？前一个问题似乎很难处理，而暗物质的问题则可以通过几种有希望的途径来研究：通过大型强子对撞机产生并探测暗物质；或者当它经过地下深处的探测器时观测它的相互作用；或者在空中观测它的间接效应。

问题(四)：标准模型比它初看起来的样子要更为错综复杂。它含有许多可调节的参量，其数值必须通过实验来确定。比方说，各种夸克和轻子的质量和它们的混合就涉及至少20个独立参量(其中大部分参量已经得到了测量)。对于这些参量而言，它们的取值似乎没有任何规律或者理由。毫无疑问，(我们希望)存在尚未被发现的物理原理，使我们最终能够从这些第一性原理出发来计算这些参量，或者至少能发现它们之间的某些关系。

或许在遥远的未来，这本书的新版可能会让那些设法解决这些难题中的任何一个或者全部难题的人复生，他们会在我们中间或者会是我们的继承人。不过，在此期间，仍然有很多工作要做。

谢尔登·李·格拉肖(Sheldon L. Glashow)*

波士顿大学

美国马萨诸塞州

* 世界著名的理论物理学家，美国科学院院士，1979年诺贝尔物理学奖获得者。主要研究领域是基本粒子和量子场论。——译者

引　　言

量子物理学是一门以分子、原子和原子核为研究对象的学科。正是利用这门学科，人们才得以制造出激光器、晶体管、隧道显微镜和移动电话。在当今世界，超过三分之一的国民生产总值源于量子物理学。从事宇宙学和天体物理学研究的物理学家运用量子物理学来探究宇宙的起源和恒星的动力学。量子物理学也为基本粒子物理学奠定了基础。

1963 年，我进入莱比锡大学攻读物理学。我在第三学期上了经典力学课，教授所采用的是朗道（Lev Landau）和栗弗席兹（Evgenij Lifschitz）的教材，非常好。这门课给我的印象是，任何物理现象都可以用经典力学精确计算出来，起码原则上如此。经典力学的方程相当简单，它们能够唯一地确定一个物理系统的未来。你可以用最小作用量原理推导出这些方程式。该原理指出，只要考虑到一个系统所有可能的变化并用一个作用量来描述它们（此作用量往往是一个简单的量），那么这个系统的时间演化行为就完全确定。凡是在自然界可实现的演化事件，都由那个最小作用量来做主。

一年后学习量子力学课程时，我感到很震惊。我发现物理世界并非像我当初所想象的那样确定而明了。现在什么都不确定了，只能用概率说话。概率是可以严格计算出来的，但不确定性依然存在。在量子力学中，最小作用量原理是无效的。我在理解量子物理学的细节方面遇到了很大困难。

几年之后我来到位于美国帕萨迪纳的加州理工学院从事科学研究工作。在那里我经常和对量子物理学做出过很大贡献的费恩曼(Richard Feynman)讨论物理。费恩曼不止一次跟我说："没人真懂量子力学，就连我自己也没搞懂。"

我因而意识到应该以更深刻的方式理解量子物理现象，并开始思考这门学科的根本所在。令我着迷的是，量子力学无法对一个物理事件做出断定，而只能给出它将发生的概率。这一点恰如原子和分子的稳定性这个事实可归因于概率解释。倘若什么都像经典力学描述的那样可以严格确定，分子和原子就不会有稳定的状态。

我觉得量子力学绝不仅仅令物理学家着迷。我试图通过这本书和读者分享量子力学的魅力。在物理学史上，始终存在一些举足轻重的发展阶段，使我们得以深入理解物质的结构及其动力学。

牛顿(Isaac Newton)意识到，苹果从树上落下与行星绕太阳运动的原因都可追溯到同一原理，即有质量的物体之间的引力效应。法拉第(Faraday)和麦克斯韦(Maxwell)解释了为什么电、磁和光现象也有相同的起源，即电磁场。

爱因斯坦(Albert Einstein)在其相对论中指出，空间和时间具有相同的属性。在广义相对论(general relativity)中，爱因斯坦把这种想法用于引力，发现空间和时间都是弯曲的，并且引力其实不是力，而是时空弯曲的结果。这种关于引力现象的新观点给物理学家出了难题——迄今为止，量子引力理论实际上尚未建立。

量子力学的建立也是物理学发展史上一个举足轻重的阶段，或许是最重要的阶段。在20世纪人类所取得的科学成就中，量子力学成就最大。物理学中的许多现象，例如原子、分子和原子核的大小以及原子和原子核的化学键或稳定性，都无法在经典力学的框架内得到理解，但量子力学让我们搞明白了这些现象。

量子物理学是20世纪初由柏林洪堡大学的普朗克（Max Planck）开创的，历时二十余年，但人们始终没有领会它的基本原理。随后一群为数不多但聪明绝顶的青年物理学家仅用了大约三年时间就在普朗克、玻尔（Niels Bohr）和索末菲（Arnold Sommerfield）的思想基础上创立了描述原子和量子过程的新理论——量子力学。这其中尤其要提到海森伯（Werner Heisenberg）、泡利（Wolfgang Pauli）和薛定谔（Erwin Schrödinger）这三位青年才俊，他们在1928年分别只有27岁、28岁和36岁。

学物理的学生要借助数学工具，特别是微分方程和泛函分析，来学习量子力学。在这样一本科普书中，当然不可能涉及很多数学，所以我对量子力学的描述不可能面面俱到。但是我希望用这样一种方式把量子力学介绍给读者，使得他或她能够理解该理论的基本特征。这是没有数学也可以做到的，故本书中几乎不采用数学公式。

有些过程在量子物理学中是允许的，但它们依照经典力学的定律却不可能发生。人们可以利用量子力学来计算这些过程，并发现这些理论结果与实验结果符合得极好。

量子物理学引入了一个新的自然常量，它就是普朗克（作用量）常量，通常用 h 表示，其测量值为 6.6×10^{-34} 焦 · 秒（焦 = 瓦 ×

秒）。用诸如“焦”这样的宏观物理单位来表达普朗克常量，它的数值是非常小的。这就意味着量子物理现象在宏观世界不起任何作用。之所以叫做“作用量常量”，是因为该常量描述了一个作用量，即能量与时间的乘积。这一点很容易理解，因为一个过程的作用量是由某一时间内起作用的能量来表征的。假如时间很短，那么作用量也就很小。

一个过程的作用量在经典力学中可以取任意值，但在量子物理学中却并非如此。量子物理学中的作用量只能是 h 的整数倍——作用量总是不连续的。不可能存在诸如 $h/3$ 的作用量——自然界是以 h 为单位量子化的。普朗克发现了这种奇特的现象。他以一个振子为例，认定它的能量不可以任意变化，而只能取离散值。普朗克把这一假说用于炽热物体的辐射。把一块铁加热，它会开始发光发热。没有人能够用数学语言来描述这种辐射过程，但普朗克做到了。他找到了一个方程，成功地描述了该辐射现象。

爱因斯坦采纳了普朗克的假说，并于 1905 年指出，光是由量子组成的，这种量子是如今被称做光子的一类粒子。1905 年以前，光一直被认为是一种波动现象，而此时有必要把光既看成粒子又看成波。德布罗意（Louis de Broglie）甚至走得更远，他于 1923 年指出，所有的粒子同时也是波。

让我来举个例子，以便把经典力学和量子力学之间的区别说清楚。地球到太阳的距离原则上可以是任意的，但这一点并不适合氢原子中的电子的轨道。电子在确定的轨道上运动，也就是说电子的轨道是量子化的。倘若电子获得相应的能量，它就可以从一条轨道跃迁到另一条轨道。量子世界不像经典力学，这里不存在连续的跃迁。我们以后会看到，电子甚至没有确定的轨道，有的只是概率分布。

量子力学中那些描述电子在原子里面运动的物理量，特别是电子的位置和速度，是无法被精确测量的。测量本身总是存在不确定性，它取决于海森伯所发现的不确定关系（uncertainty relation）。人们无法精确描述原子内部的物理过程，只能给出某个过程发生的概率有多大。

我们无法完全确定电子的位置和速度。倘若你想要相当精确地知道电子的位置，它的速度就很不确定；反之，如果你想要精确地知道电子的速度，它的位置就很不确定。不确定度的大小取决于不确定关系，特别是普朗克常量 h。

对宏观物体而言，比如一辆运动的汽车，也存在不确定关系。但是量子物理学所给出的不确定度太小了，以至于可以被忽略。这就解释了为什么在我们的宏观世界里可以完全不考虑物理现实的量子特性。

然而在原子物理学中却做不到这一点。正是不确定度决定了氢原子的大小。在氢原子中，电子位置的不确定度可由氢原子的直径给出，大约等于 10^{-8} 厘米。所有氢原子的大小都相同。

我现在考虑一个假想的氢原子，它比正常的氢原子要小得多，其内部电子的空间也更狭窄。由于不确定关系，该电子的速度具有更大的不确定度，所以平均而言它比在正常氢原子中运动得快得多。该氢原子的能量比正常氢原子的能量要大一些。但是在自然界有一个重要的原则：每个物理系统都会尽量处在能量最低的状态。因此，假想的、尺寸较小的氢原子是不稳定的，它会释放能量，尺寸增大，直到它的大小达到正常氢原子的大小。

我们也可以考虑一个虚拟的、比正常原子大 100 倍左右的原子。

要获得这样的原子，我们就不得不把电子拉得远离原子核，因而就不得不耗费能量。与上面的例子类似，虚拟的大原子要比正常的原子具有更高的能量，它也会释放能量而转变成正常的原子。正常的原子处于能量最低的状态，无法再强迫电子释放出更多的能量。所以说不确定关系决定了原子的大小，具有普适性。这种普适性存在于宇宙的任何地方：地球上的氢原子和遥远星系中行星上的氢原子一样大。

出现在不确定关系中的物理量是动量而非速度。动量等于速度乘以粒子的质量，比如电子的质量。因而原子的大小依赖于电子的质量。倘若电子的质量比它的实验观测值小100倍，原子的尺寸就会增大100倍。假如电子的质量仅为0.5电子伏，则氢原子的大小就会有1/10毫米那么大。

由于不确定关系，人们无法确定电子围绕原子核的运动。事实上，你不可能说清楚电子的运动轨迹，而只能描述在原子核周围某一区域发现这个电子的概率。处于基态的氢原子特别简单，其中电子的概率分布看起来根本不像一条轨道：它环绕着原子核呈对称状，而最大概率处就是质子所在的位置。

概率分布是由电子的波函数（wave function）来描述的。通过解量子力学方程，可以计算出电子的波函数。波函数描述了原子的状态，而且通常是可以精确求解的。

如果利用经典力学方程来描述氢原子，电子就会有确定的角动量。但是在量子力学中，当氢原子处于基态时，电子没有角动量。它并非围绕着原子核在轨道上运动，而是在原子核附近振动。

量子物理学的另一个特征是存在激发态。倘若氢原子中的电子通过诸如光辐射等方式获取了能量，它就会在短时间内处于另一个能量较高的状态。这种状态叫做“激发态”，与基态类似，具有特定的能量。处于激发态的电子会跃迁回基态，并以电磁波的形式释放出能量。在量子力学中，激发态的能量也是可计算的。

泡利在1924年发现了一个新原理，这个原理如今被称做泡利不相容原理（Pauli exclusion principle）。该原理断言，处于同一原子壳层的两个电子不可能具有相同的量子数。利用泡利不相容原理可以解释原子的壳层结构，尤其是可以推导出门捷列夫（Dmitri Mendeleev）所制作的化学元素周期表。

如今量子力学在工业中已有很多应用。倘若没有量子力学，就不可能有现代固体物理学。量子理论对理解原子核也是至关重要的。

量子物理学并不局限于微观领域，它在我们日常生活中也扮演着重要角色。如果没有量子力学，就无法理解写字台的稳定性，而你此时此刻可能恰好坐在它旁边。量子力学对于化学和分子生物学也十分重要。只有借助于量子力学，人们才可能理解原子是如何束缚在一起组成分子的。

在量子物理学中，你不得不放弃因果性（causality）原理。因果性在经典力学中是没有问题的。假如你在某一时刻准确地知道一个粒子的位置和动量，它的运动就由力学方程确定了。这一点在量子力学中是不对的。由于不确定关系，量子物理学的定律只具有统计意义。倘若你观测一个放射性原子核，你没有办法预测它什么时候会衰变。人们知道的只是原子核的平均寿命，比方说500年。

100年以前，人们对许多现象的原因毫不知情。人人都知道煤块加热之后会变红，然后变黄，但是没有人能够解释这种现象。为什么铜是褐色的而银是白色的？为什么金属可以导电？为什么氧原子和氢原子结合在一起会产生水分子？为什么原子有确定的大小？

当物理学家开始研究原子时，他们遇到了很多悬而未决的难题。让我们考虑氖元素，它是一种没有任何化学活性的稀有气体。1个氖原子含有10个电子。然而元素周期表中氖元素之后的钠元素却在化学性质方面表现得相当活泼。钠原子含有11个电子，比氖原子多1个电子。因而如果把1个电子加到氖原子中，它的化学性质就会发生巨变。这一点在量子物理学中很容易理解。

只要粒子速度相对于光速而言很小，量子力学对微观物理现象的描述就很成功。假如粒子速度接近光速，该理论就不再适用了，而必须被一种把量子力学和相对论结合在一起的理论所取代。海森伯和泡利做了这件事，他们提出了相对论性量子场论。

量子电动力学详细描述了电子和光子的相互作用。如今我们用另外一种和量子电动力学很相似的量子场论来描述核子（即质子和中子）的相互作用，它就是量子色动力学。该理论描述了质子的组分（即夸克和胶子）是如何相互作用的。

对大多数人而言，量子力学是一门神秘莫测的学科，只有物理学家才能理解。但事实并非如此。其实每个人可以很容易地领会量子物理学的基本原理。在现代社会，量子物理学至关重要，因而理应被公众所了解。

伽利略（Galileo Galilei）为他那个时代的公众写过好几本科普图书。例如在那本著名的《关于两大世界体系的对话》一书中，伽利略描述了三个人之间针对物理问题的讨论。我模仿伽利略的风格，以类似的对话形式来撰写本书。书中的讨论是在爱因斯坦、费恩曼、海森伯、牛顿和一位来自伯尔尼大学的现代物理学家艾德里安·哈勒尔（Adrian Haller）之间展开的虚拟谈话。海森伯生前在慕尼黑担任马克斯·普朗克研究所所长，我也曾在那里为自己的博士论文做准备工作。后来我到了加州理工学院，和费恩曼在一起工作。我返回欧洲之后，费恩曼还经常来找我叙旧，地点要么在日内瓦附近的欧洲核子研究中心（CERN），要么在慕尼黑。

牛顿起初对量子物理学一无所知，但是在讨论过程中，他慢慢地也变成了一位量子物理学家。爱因斯坦始终持怀疑态度，并且总是找论据反对量子力学。费恩曼和海森伯同哈勒尔一道为现代量子理论辩护。刚开始不了解量子物理学的读者会像牛顿那样从讨论中学到很多东西。最终，读者也会像牛顿那样成为一位量子物理学家。

第一章　量子理论的起点

哈勒尔是伯尔尼大学的物理学教授，他要去柏林参加柏林—勃兰登堡科学院（BBAW）的年会。他决定坐火车，从伯尔尼出发，经由巴塞尔、法兰克福、富尔达和不伦瑞克，到达新建的柏林总站。在旅途中哈勒尔开始看书，但是逐渐感到很疲劳；于是他放下书，不久就进入了梦乡。

火车在傍晚到达柏林总站。哈勒尔走到弗里德里希大街，然后

图 1.1　柏林市的御林广场。

乘坐地铁。他在第三站下车，离开地铁站，沿台阶向上走，来到一个被称做“御林广场”的开阔广场。哈勒尔要住的地方是“御林”酒店，就在广场正对面。前台服务员热情地接待了哈勒尔，并告诉他有四个人前一天就住进了酒店，他们已经找他好几次了。

“他们当中有一个人满头白发，对吗？”哈勒尔问。

“没错，我以前见过他。他叫爱因斯坦，和著名的爱因斯坦同姓，或许是他的亲戚。另外一位只讲英语，他的名字叫牛顿，可能是英国人或美国人。第三位叫海森伯，很和蔼，要年长一些，说话带德国南方口音。第四位似乎是美国人，长得很帅，也很有魅力，叫费恩曼。”

哈勒尔答道：“嗯，我认识他们。他们住哪几个房间？”

“爱因斯坦先生住 13 号房间，牛顿先生住 17 号，海森伯先生在 18 号，费恩曼先生在 20 号，而您住 19 号，就在走廊对面。”

哈勒尔沿着楼梯走到二层，进入自己的房间。几分钟之后，他敲了敲隔壁的门。

“请进，哈勒尔先生。欢迎你！”

哈勒尔打开房门。爱因斯坦、牛顿和海森伯三个人正坐在沙发上，费恩曼坐在不远处的椅子上。哈勒尔在加州理工学院呆过，因此和费恩曼很熟。

费恩曼：艾德里安，你肯定很好奇我们怎么知道是谁在门外面吧？这很容易解释——前台女服务员刚给我们打电话了。

哈勒尔：哦，我猜想应该能在御林酒店这儿遇见你们。

爱因斯坦：这是一家不同寻常的酒店。它的位置太好了，就在柏林老城区。当年我在这儿住的时候，经常穿过动物园并经过这个市场，步行去大学。从这儿到歌剧院只需要走2分钟。我住这里时，御林广场旁边的希尔顿酒店还不存在，但是那两座美丽的教堂早就在那儿了，中间是音乐厅。

哈勒尔：柏林—勃兰登堡科学院简称BBAW，大体上就是原来的普鲁士科学院。您不知道BBAW现在的大楼。您当院士的时候，普鲁士科学院坐落在另一座大楼里面。BBAW现在的大楼也在御林广场旁。因为我是院士，所以我经常来这里。我建议我们明天上午去那儿吧。也许我们能得到一间办公室，用来举行讨论。你们都知道吧，我们要讨论量子物理学。

海森伯：我在第二次世界大战前经常来柏林，也经常来普鲁士科学院。明天我要看看科学院的新楼。

哈勒尔：好的。第二次世界大战前普鲁士科学院所在的大楼现在是个大型图书馆，在菩提树下大街8号。不过，时间已经相当晚了，我也累了，想回自己的房间。明天早上吃早饭的时候我们再见。

哈勒尔并没有马上回到自己的房间，而是穿过两座大教堂来到御林广场周围散步。他走到菩提树下大街，经过歌剧院和洪堡大学的主楼。他在那里发现了一块刻有马克斯·普朗克名字的牌匾。普朗克就是在这所房子里面钻研量子物理学的。

他随后穿过普朗克大街，来到弗里德里希大街，然后继续走到勃兰登堡门。最后他走到了新建的大屠杀纪念碑。这座令人难忘的纪念碑由2700根钢筋混凝土支柱组成，提醒人们不能忘记1939年至1945年德国那段黑暗的岁月。

哈勒尔在勃兰登堡门附近的阿德隆酒店的酒吧里喝了一杯。第二次世界大战之前阿德隆酒店就在那里，但是它在战争中被炸毁了。德国统一之后，人们按照原有风格重建了阿德隆酒店。最后，哈勒尔返回了自己住的御林酒店。

第二天早晨，五位物理学家在酒店共进早餐。随后他们穿过御林广场来到位于猎手大街的科学院大楼。哈勒尔找到了和自己很熟的院长秘书，她给了他一把恰好空出来的大办公室的钥匙，他们可以用这间办公室举行讨论。

这是一间令人感觉舒畅的办公室，有几把椅子，一张大桌子，一块黑板，一个沙发和一个大阳台。他们在阳台坐下来，阳台下面是宽阔的、被科学院大楼的房屋包围起来的花园。

哈勒尔：在柏林这个量子物理学的发源地讨论量子物理学，是一件很特殊的事情。我从没想过这样的事情能发生。

爱因斯坦：是啊，我们呆的地方就是量子理论的诞生地。这个理论是柏林的产物，可以追溯到第一次世界大战以前。普朗克在离这里仅仅大约100米的地方，即洪堡大学，迈出了第一步。我昨天去过那里。普朗克曾经办公的房子现在挂着一块牌匾。看来柏林人民很为他感到骄傲。在大学附近甚至有一条普朗克大街。

哈勒尔：爱因斯坦先生，您也对量子理论做出了很大贡献，特别是1905年在伯尔尼发现了光量子。1913年，您来到柏林这个量子物理学的中心。但是我必须承认，我从未完全搞明白您当初为什么来这儿。我猜想普朗克对您做出这个决定发挥了作用。

爱因斯坦：假如普朗克真的写信给我的话，那我会拒绝他的邀请。但他是和能斯特（Walther Nernst）一同来到了苏黎世。设想一下：两位伟大的物理学家过来看我，提供给我一个在柏林当教授的机会。当普朗克告诉我关于教授职位的事时，我说我想到街对面的公园去考虑一下，倘若我一小时之后回来时手里拿着一束花，那就意味着我已决定去柏林。

我并没有过多地考虑教授职位本身的细节，因为我无论如何都想去柏林这个欧洲物理学的中心。我亲爱的表姐埃尔莎（Elsa）也住在那儿。但普朗克不会这么轻易地得到我。我回来时没有带花。他很失望，并跟我说我可以拿到两个教授职位，一个在大学里面，另一个在科学院，而且没有教学义务。

我又去了一趟公园，决定接受这个开价。我买了花回来，普朗克很高兴。必须承认，他给我提供了极好的工作条件。薪水比我在苏黎世拿得高，也比我那些在柏林的同事拿得高得多。不过我也许应该留在苏黎世。我在那儿本会有很好、很宁静的生活，即便是1933年到1945年的战争时期，我也就无需去美国了。

费恩曼：那样的话，您就会一直在苏黎世联邦理工学院当教授，这也是除了普林斯顿之外一个不错的选择。但现在让我们回到与物理学相关的话题吧。

图1.2 普朗克。

海森伯：我不太确定的是，我们应该怎么继续我们的讨论。我建议遵循历史发展的脉络。这样一来，我们首先讨论普朗克假说，然后讨论玻尔关于氢原子的想法，接下来讨论德布罗意的假说和关于粒子与波的问题。最后我们回到现代量子力学。 至少对牛顿而言，这是最好的讨论方式，因为他对量子理论知之甚少。

牛顿：没错，沿着历史发展的轨迹来展开讨论，这对我来说似乎相当合理。 我们就从我的力学开始吧，这方面我十分了解。 不过我的确有个问题，是关于普朗克的。 为什么普朗克在柏林发现了量子物理学？ 我知道他是一个很保守的人。 他做出这一发现时，已经年过四十；人到了这个年纪一般再难以做出重大发现。 为什么发现量子物理学的不是一个像爱因斯坦这样的青年理论学家，而是既保守又上了年纪的普朗克？

爱因斯坦：1900 年时普朗克 42 岁，不算老，但也不年轻了。 物理学的新理论一般都是由很年轻的科学家提出来的，他们的年纪往往在 30 岁以下。 我提出相对论时年仅 26 岁。 但普朗克是一个很特殊的人。 他虽然 42 岁了，但在某种程度上依旧朝气蓬勃。

哈勒尔：我知道一些物理学家，他们即使年事已高，却仍然做出了极好的研究工作。 比如您，费恩曼先生。 但我们还是开始讨论吧。

爱因斯坦：我在 1905 年为量子物理学所做的贡献是引入了光量子，后来被称做光子。 这个假说不太招普朗克的喜欢。 美国的密立根 (Robert Millikan) 在 1915 年做了非常好的实验，验证了我的理论，所以我在 1921 年被授予诺贝尔奖。 后来我开始不喜欢自己的理论了，但诺贝尔奖还是令人很愉快的，尽管我并没有真的得到好处，因为奖金都给了我的妻子米列娃 (Mileva)。 至于我的相对论，我并没有因它而获得诺贝尔奖——它对于那些住在斯德哥尔摩的人而言，过于理论化了。

海森伯：您也许会因为相对论而获奖，但可能要在更晚些时候。

不管怎样，您事实上是量子理论的创始人之一，尽管您在后来不喜欢它了。您创立了一个理论，如同给一个孩子当了“父亲”，可您又遗弃了它——爱因斯坦先生，您不是个好“父亲”啊！这个“孩子”被其他人收养了，其中包括我本人以及泡利和薛定谔，尤其还有索末菲。

爱因斯坦：你说得对，我是个很蹩脚的“父亲”，但量子物理学也是个有缺陷的“孩子”。人们甚至到现在都没搞懂这门古怪的物理学。

费恩曼：我认为确实可以这么说，没有人百分之百地搞懂了量子理论。我没有，海森伯先生没有，爱因斯坦先生也没有。

爱因斯坦：我不想把量子理论搞懂。假如有人声称他搞懂了量子理论，他就是在撒谎。

牛顿：爱因斯坦先生，请不要再责备量子理论了。就个人而言，我想弄懂它。在我那部著作《原理》(*Principia*)中，我写道：光是由微小粒子组成的。您的光子就是我的光粒子吗？

爱因斯坦：牛顿先生，当我刚开始考虑光量子时，我以为它们就是您的光粒子。但实际情况要复杂得多。光是由波和粒子组成的。对您来说，这一点可能听起来相当荒诞，但似乎是对的。让我先来解释一下，我是怎么在1905年想到光量子的。这个想法与普朗克的量子思想直接相关。普朗克之所以引入量子，为的是从理论上解释黑体辐射 (black-body radiation)。

牛顿：什么是黑体辐射？

海森伯：我来解释黑体辐射吧。19世纪末期，物理学家们探讨用燃气或者用电力作为光源，哪一种更好。于是提出了理想光源的外观应该如何的问题。物理学家们有了一个令人感兴趣的想法。他们考虑一个只包含辐射的空腔，比方说一个球状物体。空腔内部的光只依赖于空腔壁的温度，跟空腔壁的材料等细节无关。光的强度和颜色都只取决于温度，而不依赖于空腔壁是由金属、木头还是石头做的。这样的空腔叫做“黑体”，它所发出的电磁辐射叫做“黑体辐射”。这种辐射在某一频率有最大值。如果黑体的温度升高，黑体辐射强度的最大值就会向频率高的方向移动。因此，辐射强度最大值的频率和温度成正比。

牛顿：这很奇怪。我还以为情况会更复杂呢。如此说来，黑体内部的辐射很简单嘛。

海森伯：不错，情况相当简单。很容易理解辐射强度最大值对温度的依赖关系。黑体在平衡状态发射和吸收等量的辐射。由于这个原因，辐射并不依赖于空腔壁的性质。于是我们就有了可以和其他光源相比较的理想光源。如果在空腔壁开一个小口，将辐射通过小口释放出来，就可以测量黑体内部的辐射了。

牛顿：因此就能够测量出辐射随温度的变化？

海森伯：是的，这很容易做到。但是现在出现了一个问题。倘若辐射只取决于温度，我们就应该期待这种对温度的依赖关系可由一个简单的数学公式给出。

爱因斯坦：黑体不可能发射具有确定波长的光或电磁辐射；相反，波长会有一个分布。这种波谱只依赖于一个参量，即温度。因而应该可以找到一个数学公式来描述这一依赖关系。

哈勃尔：普朗克试图找到描述辐射对温度依赖关系的公式。在做了一个意义深远的假设之后，他发现了这个公式。1900 年 12 月 14 日，柏林物理学会在离这儿很近的库普费格拉本大街 7 号开了一个会。普朗克做了一个演讲，这个演讲如今被当做是量子物理学诞生

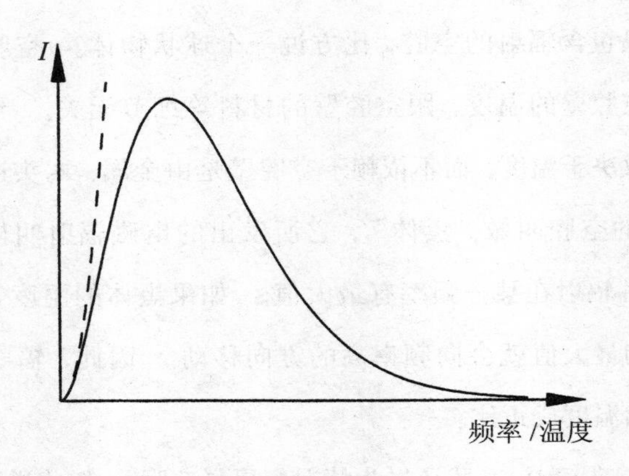

图 1.3　黑体辐射的强度。所发出的光的强度有一个最大值，当温度升高时，该最大值会向频率高的方向移动。经典物理学无法解释这个最大值——它所预言的黑体辐射行为由图中的虚线给出。

的重要时刻。刚好一百年之后，我们在御林广场这里的音乐厅举办了一个会议。

牛顿：普朗克肯定做了一件很不一般的事情。

爱因斯坦：普朗克的假设改变了 20 世纪物理学的发展进程。但对普朗克而言，这很不容易。为了理解黑体辐射，普朗克思索了好几年光的波动理论，但是一无所获。于是他做了一个大胆的假设。他假设光并不是以波的形式被空腔壁反射，而是以具有确定能量的微小基本单元的形式被反射。每份能量由光的频率和一个常量来决定，这个常量就是普朗克所引进的 h。它是作用量的量子，而作用量等于能量和时间的乘积。频率和 h 的乘积就是能量，因为频率具有时间倒数的量纲。

常量 h 对量子物理学至关重要，其精确值为 $h=6.626\,068\times10^{-34}$ 焦·秒。1 焦·秒等于 1 焦的能量作用在 1 秒钟的时间上。注意，1 焦·秒 $=1$ 千克·米^2/秒。因此，在量子物理学中存在一个最小作用量，它不等于零。通过这个假设，普朗克得以发现黑体辐射的定律，并可用一个很简单的公式来表示。他可以用这个公式很精确地描述实验观测数据。每个量子的能量由简单的关系式 $E = h \cdot \nu$ 给出，其中 ν 代表频率。我曾经在我的光量子理论中使用了这个关系式。

牛顿：那么这个常量 h 就是自然常量之一喽？

哈勃尔：没错，而且它是重要的自然常量之一，或许比您的引力常量还重要。如今我们还知道，常量 h 在遥远的恒星那里也取相同的值。即使在遥远的星系，h 的值也和在地球上一样。此外，h 在几十亿年前的数值也和它今天的数值相同。在粒子物理学中，我们不再为常量 h 操心——我们把它看做是相当于 1 的数。

现在我们回到量子理论的发展时期，那就和爱因斯坦先生您本人有关了；或者更确切地说，和您的光子理论有关。我们先考虑一下当时的实验状况。一位在海德堡工作的物理学家勒纳（Philipp Lenard）研究了光电效应（photoelectric effect）。如果光照在某些金属上，金属就会放射出电子。有人也许会预期，倘若我们用很强的光照射，所放射出来的电子的能量就会很大。但实际情况并非如此。电子的速度（即电子的能量）不依赖于光的强度，而只依赖于光的频率。只是出射电子的数目，而不是它们的能量，才取决于入射光的强度。

爱因斯坦：我假设光是由微小粒子组成的，它们的能量由公式 $E = h \cdot \nu$ 给出，其中 ν 是光的频率。于是我就可以相当容易地解释勒纳的观测结果了。假如光更强一些，那只不过意味着有更多的光子到达金属表面，但是光子的能量是相同的。因此，电子的能量只可能依赖于光的频率。

我认为我的理论是普朗克想法的一个简单应用。但是普朗克却不这么认为，他不喜欢我的理论。这很奇怪，而我始终不明白为什么会是这样。不过，我实际上从未和他讨论过这件事。

牛顿：还是回到光电效应。如果我考虑电子和光子的碰撞，电子的能量就应该依赖于入射光和出射光的夹角。

爱因斯坦：是的，倘若这个夹角很大，电子的能量就会很大。密立根研究了这个问题，并验证了我的理论预言。不过我对此并不太满意。根据我的假设，一束光线就是由许多光子组成的光子流。但另一方面，光又是一种波动现象。我试图要搞清楚这一点，但是没有找到答案。如果一个光子和金属中的一个电子发生碰撞，就会发射出一个电子。这是一个突然的过程，而且无法完全确定它什么时候发生。在量子物理学中，世界是不连续的。我不喜欢这一点，普朗克也不喜欢。不过我们还是以后再回到这个问题上来吧。

我在因果性方面也遇到问题。依照我们的世界观，没有任何事情会无缘无故地发生。然而普朗克的量子假说为我们对这个世界的因果性描述规定了一个限度。

哈勒尔：到了我们应该停止讨论的时候了。我建议我们现在出去吃午饭，地点是御林广场附近的楚拉斯科牛排餐厅。

十分钟后，这五位物理学家坐在了牛排餐厅。爱因斯坦聊起了他在柏林的生活，海森伯也讲起了他在莱比锡和柏林度过的时光。午饭之后没有讨论。他们走到菩提树下大街，参观了科学院的旧楼。海森伯对那里很熟悉。然后他们走到勃兰登堡门和阿德隆酒店南边的大屠杀纪念碑。后来他们穿过动物园到达“动物园”火车站，游览了附近的教堂，并经由维腾贝格广场返回，在那里他们乘坐地铁回到御林广场。

第二章　原　子

第二天上午，五位物理学家在科学院的办公室继续他们的讨论。

海森伯：物理学旨在探索大自然的奥秘，其目的在于依靠实验来研究自然界的种种过程，并利用数学定律来描述它们。希腊哲学家已经详细描述过这些过程。相比之下，物理学的起源则要晚一些。但是希腊哲学家的思想对物理学后来的发展，尤其是原子理论的发展，起了重要作用。大约2500年前，希腊哲学家就率先提出应该存在最小物质单元的思想。泰勒斯（Thales）生活在公元前6世纪，他提出一种独一无二的基本元素，用以提供组成天地万物的基本物质。100年后，有关想法变得更加具体。哲学家阿那克萨哥拉（Anaxagoras）假设：自然界中存在很多不同类型的物质，它们之间的混合生成了天地万物。他的思想相当接近事实。如今我们发现了100余种不同的化学元素，是它们构成了宇宙万物。

随后哲学家恩培多克勒（Empedokles）出现了。他认为世界上只存在四种不同的元素：土、水、空气和火。可是火怎么能成为一种元素呢？我觉得这一点相当不可思议。哲学家留基伯（Leukippos）和德谟克利特（Demokritos）的想法就更具体了。德谟克利特提出了原子的概念，它们是世界上最小的基本客体。原子（atom）来自于希腊语 *atomos*，即“基本组分”的意思。

留基伯提出了虚空（empty space）的概念，原子就镶嵌在虚空中。虚空是几何学的载体。德谟克利特假设原子无色无味。他宣称：“在现实中只存在原子和虚空。”柏拉图（Plato）在他那部阐述宇宙生成论的对话《蒂迈欧篇》（*Timaios*）中提到，原子具有规则的形状。

土、水、空气和火等元素等同于立方体、八面体、二十四面体和四面体。对于原子而言，几何观念是很重要的。我们将会看到，原子物理学与几何学有一定关系。原子的波函数就是一些简单的几何图形。

有趣的是，原子的概念并没有出现在其他文明中。只有古希腊人有这种思想。不幸的是，他们从未想过做实验去验证他们的思想。他们只是通过思辨去发现自然界的奥秘，而这无疑使他们只能取得有限的成功。古希腊人对实验的厌恶是他们一个很大的缺点。他们是哲学家，而不是科学家。

哈勒尔：1417 年，一部由罗马诗人兼哲学家卢克莱修（Lucretius）创作的题为《物性论》（*De rerum natura*）的手稿在意大利被发现。卢克莱修在手稿中描述了留基伯和德谟克利特的思想。该书是人类发明印刷机以后最先出版的书籍之一，在欧洲广为发行。卢克莱修已经十分清楚地预见了现代物理学的很多要素。

海森伯：罗马哲学家部分承袭了古希腊人的思想。但是罗马帝国崩溃后，西方世界开始衰落了。宗教狂热和宗教迷信占据统治地位的时间长达一千多年。只有到了意大利文艺复兴时期，希腊思想的清晰性才重新在欧洲许多地方变得重要起来。在诸如哥白尼（Kopernikus）、达·芬奇（Leonardo da Vinci）、开普勒（Johannes Kepler）、伽利略以及艾萨克爵士（Sir Isaac）* 您本人等英雄人物的引领下，自然科学的现代纪元开始了。

人们在 17 世纪才第一次把古代哲学家的原子科学观同具体的科学思想联系起来。科学家们发现氢、氧、铜等化学元素是由相同种类的原子组成的。牛顿先生，您在这方面走得更远，例如您甚至断言金属的坚硬程度和原子之间的相互作用力有关。这是个很好的想法，因为人们后来发现它是对的。

关于原子的新思想出现在 18 世纪，主要是由法国的拉瓦锡（Antoine Lavoisier）和英国的道尔顿（John Dalton）提出的。当时人们详细研究了化学反应，发现水是由分子组成的，而水分子是由 1 个氧原子和 2 个氢原子组成的。后来人们发现，还存在带电的微粒，即电子；除了原子核之外，电子也是原子的组成部分。然而，当时人们对原子的结构知之甚少。

牛顿：到了什么时候人们才第一次对原子的大小略知一二呢？

海森伯：只有当奥地利物理学家洛施密特（Johann Loschmidt）于 1865 年引入一个有趣的常量之后，估算原子的大小才成为可能。这个常量叫做洛施密特常量**，它指的是每摩尔物质中原子的个数。比方说，1 摩尔的碳元素等于 12 克的碳元素。洛施密特常量由 $L=$

---

* 牛顿于 1705 年被英国女王封为爵士，故尊称为艾萨克爵士。——译者

** 也叫阿伏伽德罗常量。——译者

6.024×10^{23} 摩尔$^{-1}$给出。于是人们才得以首次谈到一些关于原子半径和原子质量的看法。原子半径约等于 10^{-10} 米，而 1 个氢原子的质量约为 1.7×10^{-24} 克。因此，原子其实很小也很轻。没有办法去称单个原子的质量。

费恩曼: 人们在 19 世纪发现了光谱。慕尼黑的夫琅禾费 (Joseph von Fraunhofer) 发现了太阳光的谱线，但他无法解释它们的存在。只有后来借助于量子力学，理解光谱线的问题才成为可能。人们发现有些物质可以产生很特殊的光谱线，即具有确定频率的光线。随后化学家们把这些谱线用于光谱分析。化学和物理学彼此靠近了。

荷兰物理学家塞曼 (Pieter Zeeman) 的一个发现对原子物理学的发展十分重要。他研究了原子在强磁场中的谱线。塞曼发现，在磁场中谱线变粗了。他随后证实，每条谱线会分裂成好几条分谱线。这一效应如今被称做塞曼效应 (Zeeman effect)。

洛伦兹 (Hendrik Antoon Lorentz) 教授是塞曼的老师，他把这种谱线的分裂解释为中性原子中存在可以发光的带电粒子的证据。在磁场中，这些带电粒子受到了力的作用，从而导致了谱线的分裂。利用谱线分裂的大小，洛伦兹和塞曼算出了带电粒子的质量与电荷的比值。他们还发现，这种带电粒子一定携带 1 个负电荷，而且它的质量一定很小，大概只有氢原子质量的 1/2000。

洛伦兹和塞曼所描述的带电粒子在 1897 年被发现了。英国物理学家汤姆孙 (Joseph John Thomson) 于 1897 年 4 月 30 日在伦敦皇家学会介绍了他的阴极射线实验结果，并断定阴极射线一定是带电粒子，他称之为电子。原子物理学于是就从这一天拉开了序幕。

卢瑟福 (Ernest Rutherford) 迈出了重要的第二步。他是一位来自新西兰的物理学家，当时在曼彻斯特工作。他和合作者将 α 粒子射入金箔薄片，他们注意到，α 粒子的运动轨迹有时会发生强烈偏转。这种情况就好像是 α 粒子和原子内部的粒子发生了碰撞。

卢瑟福十分吃惊，试图解释这种现象。1911 年，他找到了正确的解释：原子几乎所有质量必然集中在该原子的核心，这个核心必然带正电荷——它就是原子核。

利用这方面的知识，卢瑟福随后提出了他的原子模型。原子看上去像一个微型行星系统，在它的中心存在一个带正电的原子核，原子核携带了原子的绝大部分质量。原子核的电荷被环绕着它运动的电子中和。电子的数目决定了原子的化学性质。

从一个简单的例子可以看出原子核的大小。把原子想象成一个半径为 10 米的球，那么原子核的半径大约只有 1 毫米。所以原子基本上是空的，原子中 99%以上的质量集中在原子核。

氢原子是最简单的原子，含有 1 个电子和 1 个原子核，这个原子核就是质子。其次是氦原子。氦原子的原子核带 2 个正电荷，因而原子云中含有 2 个电子。你可以如此这般继续下去，直到铀原子，铀原子的原子核含有 92 个质子，被 92 个电子包围着。

图 2.1　卢瑟福。他发现原子具有内部结构。

海森伯：卢瑟福的原子模型有一系列很成问题的特征。一个环绕原子核运行的电子不应该运行很长时间。电子围绕原子核振荡，而振荡系统会产生电磁波。倘若发射出这样的电磁波，电子就要失去能量，最终会落入原子核内。但我们知道情况并非如此。为什么？没有人能够回答这个问题。

此外，我们知道所有的原子都有相同的结构。每个氢原子的半径都相同。为什么？这在经典物理学中无法得到解释。为什么电子的速度如此取值以至于它到原子核的距离始终一样，即10^{-8}厘米？

玻尔用一种简单的方式解决了这个问题。他假设电子只能在特定的轨道上围绕原子核运动，电子在这些轨道上运动不会损失能量。玻尔并不知道为什么会是这样——他只是如此假设而已。这算不上一个解释，但却是一个有趣的想法，而我们将会看到玻尔因此能够解释原子的许多特征。

弗兰克（James Franck）和古斯塔夫·赫兹（Gustav Hertz）的实验对量子物理学的发展尤其引人入胜。他们观测到原子和分子内部的电子具有确定的、不连续的能量。

玻恩（Max Born）、泡利、薛定谔和我本人所创立的量子力学，为原子物理学中的这些难题提供了解决方案。量子力学是容许我们定量地描述微观物理学现象的理论。在原子世界中，经典力学的定律不再有效。尽管关于量子理论的最初思想是由普朗克于1900年逐步阐明的，但却花费了人们二十多年的时间才建立了量子力学，这其中特别要提到薛定谔、玻恩、泡利、狄拉克（Paul Dirac）和我本人的贡献。

费恩曼：可是为什么量子理论对微观物理学的描述如此成功呢？这仍旧是个谜。我经常说："没人能弄懂量子理论。"玻尔过去常说量子理论没人能搞明白，除非某人在说这种大话时思维已经短路。

爱因斯坦：之前普朗克已假设他的振子具有确定的能量，可由1、2、3等数字描述。玻尔假设经典力学对原子无效，并假设原子具有十分确定的能量。在氢原子中，电子只能在确定的轨道上运动，我们称之为定态轨道（stationary orbit）。经典力学允许无穷多条运动轨道，但这在量子力学中是不容许的。倘若电子处在一个定态轨道上，就没有能量发射出来。只有当电子从一条定态轨道跃迁到另一条定态轨道时，才会发射能量。如果电子在第一条轨道上具有能量 $E(1)$，而在另一条轨道上具有能量 $E(2)$，就会发射数值为 $E(1)-E(2)$的能量，放出一个光子。玻尔假设了这一点，但没有给出任何解释。然而这却恰好是实验所观测到的情形。玻尔模型不是理论，只是一个唯象模型。

电子的角动量（即其轨道半径和动量的乘积）具有作用量（即能量和时间的乘积）的单位。玻尔假设对电子轨道积分所得的角动量，是普朗克作用量量子的整倍数，即 $2h$ 或者 $3h$。此外，玻尔假设原子处于完全确定的状态。如果电子处于这样的状态，就不会放出能量。这就解释了原子的稳定性。

图 2.2　玻尔与索末菲（左）。

玻尔是幸运的。氢原子是非常简单的原子，玻尔可以用他的模型很好地描述氢原子的能级，结果发现处于基态的电子没有角动量——这在牛顿先生您的经典力学中是不可能的。

牛顿：我们考虑一下能量的问题。如果我们有一条圆形轨道，玻尔就会将角动量乘以 2π 后再取它等于 nh（n 为整数），我想这里 n 叫做主量子数（main quantum number）。因而所得到的能量是一个常量乘以 $1/n^2$，关系十分简单。

哈勃尔：没错，而且不同轨道之间的能量差可以用一个常量乘以（$1/m^2 - 1/n^2$）来描述，其中 m 和 n 都是整数。倘若把 m 取定，那么 n 可以从 $m+1$ 一直到无穷大。上面所说的常量叫做里德伯常量，是以瑞典物理学家里德伯（Johannes Rydberg）的姓氏命名的。人们利用激光已经能够很好地确定这个常量：$1.097\,373\,156\,852\,5 \times 10^7$ 米$^{-1}$。

多个能级构成谱线系，每个谱线系依赖于数字 m 的值。1885 年，瑞士巴塞尔的巴耳末（Johann Balmer）发现氢原子的能级可以由一个常量乘以（$1/4 - 1/n^2$）来表达。这个能级系列就叫做巴耳末系，对应 $m=2$ 的情形。$m=1$ 的谱线系也被发现了，不过是在更晚的时候被发现的，原因在于这个谱线系发出的光是紫外光。该谱线系的能级可以由一个常量乘以（$1 - 1/n^2$）来描述，它的第一个态是氢原子的基态。这个线系叫做莱曼系，是以美国物理学家莱曼（Theodore Lyman）的姓氏命名的。

玻尔知道当时的实验结果。他通过反复尝试才得到了自己的公式。他无法解释为什么自己的公式可能是对的，当然他也无意去解释。只有在更晚些时候，1925 年至 1930 年，玻尔公式的物理意义才得以被薛定谔、玻恩和海森伯先生您本人更好地理解。

我也顺便提一下，氢原子的基态叫做 s 态，第一激发态叫做 p 态，第二激发态叫做 d 态，第三激发态叫做 f 态，等等。

海森伯：我想补充的是，对于很高激发态的情形，此时各个态之间的能量差变得很小，人们可以在很好的近似下得到能级的一个连续谱。牛顿力学在这一区域可以很好地发挥它的作用。这一特征有个名称，叫做玻尔对应原理（Bohr's correspondence principle）。它指的是，量子物理学的定律在系统的量子数很高的情形下接近于牛顿先生您的经典力学。

牛顿：我喜欢这个原理，它意味着我的力学在量子物理学中也能够在一定程度上发挥作用。

海森伯：我还应该提到的是，玻尔模型的许多细节问题，尤其是当电子在椭圆轨道而不是圆轨道上运动时的情形，是由慕尼黑的索末菲解决的。他是我的博士导师。索末菲对原子模型做出了很多贡献，他本应该和玻尔一同获得 1922 年的诺贝尔奖。令人遗憾的是，这一幕并没有发生。

哈勒尔：五十多年后的今天，人们可以看到诺贝尔基金会的解密文件。文件显示，玻尔本人反对把诺贝尔奖授予索末菲。这令人感到相当奇怪，因为两个人是好朋友。

海森伯：我猜测，玻尔不想与别人分享诺贝尔奖。

爱因斯坦：忘掉这件事吧。即使没有获得诺贝尔奖，索末菲也是上世纪最伟大的物理学家之一。他与诸如你和泡利这样的学生一道创立了理论物理学最重要的学派。

海森伯：回到氢原子的话题。假设我们给原子拍张照片，不是用普通的光拍照，而是比方说用紫外光。我们能看见电子的轨道吗？

牛顿：为什么不能呢？如果我们拍好几张照片的话，就能够看见电子在原子内部的轨迹。

海森伯:牛顿先生，您错了！ 问题是，在观测过程中，原子会受到测量所带来的干扰。 甚至经常发生原子本身被破坏的情况。 不可能测量电子的轨迹。 倘若一个光子和电子发生了碰撞，电子就如同被光子踢了一脚，因此不可能做到不影响电子却能精确地测量出它的轨迹。 我们面临着卢瑟福的原子模型所导致的一些限制。 我的结论是，电子的真实轨迹根本不存在。

牛顿:亲爱的海森伯先生，你的结论肯定是胡说，电子的轨迹一定存在。 电子是一个粒子，而一个粒子是有运动轨迹的。 此外，围绕原子核运动的电子也应该具有角动量。

海森伯:艾萨克爵士，您的话没什么道理，处于基态的氢原子就没有角动量。 我知道，这一点在您的力学中根本说不通，可是您的力学在原子内部不适用啊！ 原因还是在于我的不确定关系。 我们不可能同时观测一个粒子的位置和速度。 如果我们相当确切地知道了粒子的位置，对其速度的了解程度就会很差，反之亦然。 位置的不确定度与动量（即质量与速度的乘积）的不确定度的乘积总是普朗克常量 h 的量级，绝不会更小。

现在我想在量子力学中引入粒子的波函数。 我们考虑一下，一个粒子处在势场中，比如在一个库仑势中。 由于不确定关系，我们无法确定该粒子的准确位置。 但是我们可以算出在一个确定位置发现该粒子的概率。 这个概率是由一个复变函数来描述的，我们称之为波函数 ψ。 这个函数与其厄米共轭函数的乘积，即 $|\psi(x)|^2 = \psi(x) \cdot \psi(x)$，描述的就是概率。 如果我们针对一个很小的空间体积求这个乘积的积分，就会得到该粒子处在该体积内的概率。 牛顿先生，您看到了吧，量子力学是严格的理论，但它是一个关于概率

的理论——没有任何东西是确定的。

薛定谔是第一个计算这种波函数的人。波函数是一个微分方程的解，该方程如今被称做薛定谔方程。诸如粒子的动量等可观测量，都可以通过与波函数有关的计算而得到。比方说，我们求波函数的导数就能得到粒子的动量：

$$p=-\mathrm{i}\frac{h}{2\pi}\frac{\mathrm{d}\psi}{\mathrm{d}x}.$$

原子的不同波函数如同一条弦的不同的固有振动模式，彼此之间有相当大的差异。各种波函数描述了该原子的各个定态。

费恩曼：薛定谔起初不接受量子力学的概率解释。玻恩在1926年提出一个观点：某粒子的波函数的平方，描述在某一确定位置发现该粒子的概率。薛定谔不接受这种观点，可是如今这种观点成了常识。玻恩因为他的概率解释而获得了1954年的诺贝尔奖。

哈勒尔：回到氢原子。玻尔在他的模型中借助于一条圆轨道描述了氢原子的基态，那么人们就会期待电子具有确定的角动量。可这是错的，处于基态的电子的角动量等于零。

海森伯：是的。下面我们考虑电子的运动。电子围绕着原子核振动。一般而言，我们看到的电子运动是一种弥漫性分布，即它的波函数。这个波函数是旋转对称的，没有角动量。

不过，我们回到量子力学的初期。我建议咱们首先考虑一个非常简单的系统：一个粒子在两堵墙之间运动。这是一个相当人为的系统，实际上并不存在，但是它相当简单，很容易求解。

牛顿：你指的是一个粒子在两堵墙之间来回运动的系统。如果该粒子撞到墙上，它就会反射回来。作用于粒子的力会在反射点变得无穷大。在我的力学中这是一个相当简单的系统，粒子来回运动，而能量是任意的。

海森伯:在量子力学中情况是不一样的。对于这个系统，求解它的薛定谔方程是相当容易的。我们得到了基态（即能量最低的态）的波函数。这个态的波函数特别简单，它是一个正弦函数——波函数是一个驻波。这很容易理解——波函数类似于一条两端分别固定在两堵墙上的弦。

牛顿:激发态看上去会是什么样子呢?

海森伯:这些激发态的波函数也相当简单。第二个态具有这样一个波函数：它始于零值，演化到中间也取零值，在另一堵墙处再次取零值。这个波函数也是一个简单的正弦函数，它在中部取一个零值。下一个态的波函数在中间取两个零值，等等。倘若粒子的波函数在某处为零，就不可能在那里发现该粒子。在经典力学中这种现象是不可能发生的。经典的情形是：粒子来回运动，发现该粒子的概率在任何地方都不会为零。可是在量子力学中情况就是这样，如果用波来描述电子，就很容易理解零概率的问题。

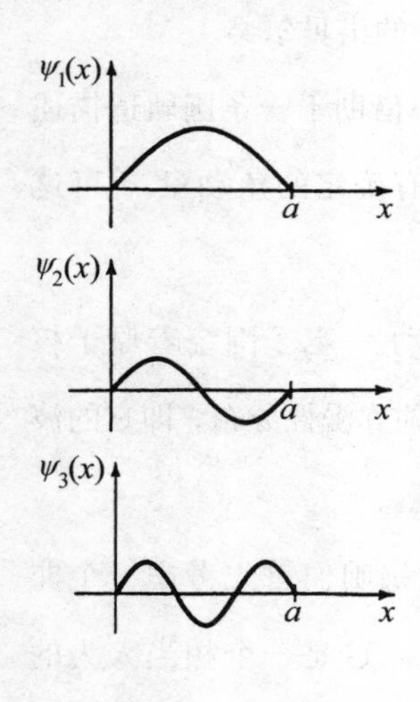

图2.3　在两堵墙之间运动的粒子：基态及其第一激发态和第二激发态。

费恩曼:我们可以轻而易举地计算出粒子的能量。人们发现能量是由普朗克常量、粒子质量和粒子向前移动的路径长度给定的。能量正比于 n^2，这里 n 等于波函数取零值的个数加上1。第一个态的能量正比于1，第二个态的能量正比于4，第三个态的能量正比于9，等等。数字 n 叫做量子数。基态波函数没有零值，它的量子数等于1；第一激发态具有量子数2，等等。

牛顿：没错，这是很简单。量子理论在这种情形下同在我的力学中一样简单，或许还要更简单一些。

海森伯：是的，有时候量子理论甚至比经典力学还要简单。但还是回到咱们的问题上来吧。只有当势场具有原子的尺度时，能级的量子化才很重要。假定势场的尺度很大，比方说为1厘米，在这种情况下两个能级之间（例如第 n 个能级和第 $n+1$ 个能级之间）的能量差非常小，大约为 $6\times10^{-15}n$ 电子伏。电子伏缩写为eV，1电子伏是指1个电子通过1伏的电压差时所获得的能量。两个相邻态之间的能量差很小，我们在很好的近似下可以把它们表达成一个连续谱。可是如果我们取一个原子尺度的箱子，假定其长度为 10^{-7} 厘米，两个相邻态之间的能量差就等于 $0.68n$ 电子伏。我们可以很容易地测量这样一个能量差。

牛顿：可是这里有件事很奇怪。箱子里面的粒子也可能处于静止状态，在这种情况下它的能量为零，而这种状态就是基态。但在你的计算中基态具有一定的能量，为什么？

海森伯：这是由于不确定关系。箱子的尺度描述了位置的不确定性，而一旦我们知道了这一点，就能够确定动量的不确定度。这两个量的乘积是普朗克常量的量级。由于动量的不确定度不等于零，粒子一定具有若干能量，而这就是费恩曼所提到的能量。

牛顿：又是你的不确定关系确定了能量，使它的数值不等于零。量子力学真是一个不同寻常的理论！

海森伯：我来提及一个现象，这是卢瑟福在1919年发现的。他把氢原子的原子核看成一个新粒子，他称之为质子。其他原子的原子核也包含质子。质子的数目和原子云中的电子数目是一样的。

卢瑟福注意到，给定原子核中质子的数目，原子的质量或者原子核的质量总是大于他所计算出来的质量。1920 年，他假定除了质子之外还应该存在一种电中性的粒子，它和质子具有大致相同的质量。12 年之后的 1932 年，这个被称做中子的中性粒子被发现了。

哈勒尔：先生们，马上就到午饭时间了。我建议咱们去御林广场那儿的勒特—维格纳餐馆。这家餐馆已经在这里经营了 200 年，海森伯和爱因斯坦一定知道。我希望饭菜的质量还像在 20 世纪 20 年代那样好。

这些物理学家们向餐馆走去。半小时之后，他们发现饭菜的质量确实很好。他们点了餐馆的特色菜、小牛肉片以及两瓶来自维尔茨堡市周边地区的葡萄酒。

第三章　波与粒子

午饭后，五位物理学家去了著名的菩提树下大街，然后继续朝前走到勃兰登堡门以及从前的“帝国议会”大厦，它现在是德国联邦议院开会的地方。他们在勃兰登堡门旁边的阿德隆酒店的酒吧间休息了一下，之后回到科学院的办公室。费恩曼做了讨论的开场白。

费恩曼：我们现在回到一个对艾萨克爵士您来说特别有趣的问题上来。什么是光？起初您支持光的波动理论；可是后来，尤其是在您的《原理》一书中，您却提出了光的粒子理论。法国的笛卡儿（René Descartes）解决了您理论的许多细节问题。17 世纪，意大利博洛尼亚的格里马耳迪（Francesco Grimaldi）支持光的波动理论。惠更斯（Christiaan Huygens）随后发现，光呈现出同水波一样的衍射现象和干涉现象。惠更斯也论及声波和光波的相似性。您发动了一场历时很久的与惠更斯的讨论，可是你们从未取得一致意见。

19 世纪初，由于托马斯·杨（Thomas Young）的贡献，事情变得更具体了。他研究医学，并成为一位博学多才的科学家。他的正式职业是医师，但却做了许多物理学实验和化学实验。1803 年，他发表了一个光学实验的有趣结果。他发明了一种装置，就是今天人们熟知的双缝实验（double-slit experiment）。杨采用一块带有两个靠得很近的狭缝的金属板，来观察通过狭缝的光。假如光是波，就会从每个狭缝发射出光波。这些波不是彼此增强，就是彼此抵消。在狭缝后面的屏幕上就会有明暗交替的条纹出现。如果关闭其中一个狭缝，条纹就会消失。倘若光是由粒子组成，人们就看不到这样的条纹。

杨观测到了条纹，因而他证实了光是一种波动现象。他还测定了在他的实验中所用的红光的波长，发现它等于 0.7 微米。他向伦敦英国皇家学会介绍了自己的实验结果，可是很多科学家不相信他的话。又过了 20 年的时间，光是一种波动现象的观点才被广泛接受。巴黎的菲涅耳（Augustin-Jean Fresnel）可以用波动理论解释许多光学现象，他当时是一名工程师，也是巴黎科学院的院士。

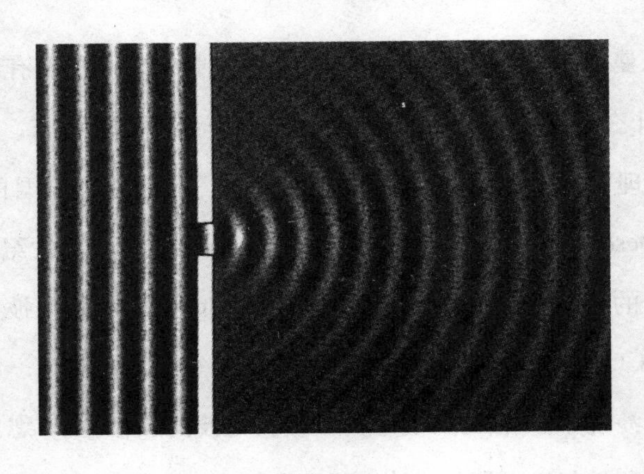

图 3.1　水波到达一条狭缝，并从狭缝中发射出圆形的水波。

牛顿: 这么说似乎是我错了——光是一种波动现象。波和粒子是相当不同的两回事。粒子是类点物体，而波是延展的大系统。爱因斯坦也像我一样提出了光粒子的想法。爱因斯坦的理论也错了吗?

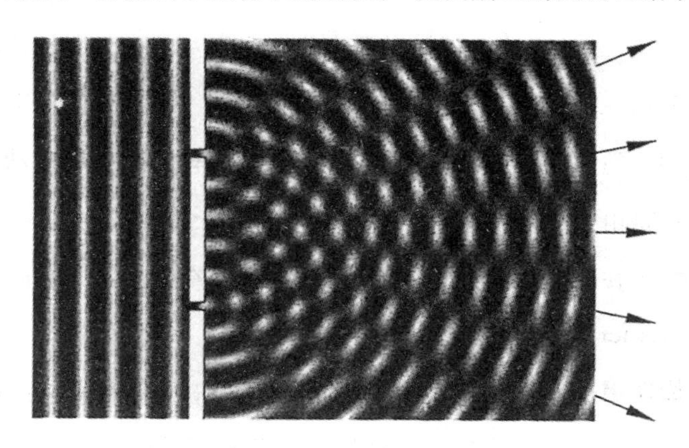

图 3.2　水波从左边到达双缝。从两条狭缝中发射出相互干涉的圆形水波。

哈勒尔: 咱们稍后将回到爱因斯坦的理论。基于波动理论，德国和英国的科学家们在 19 世纪发展了关于光的详细理论。许多光学现象得到了解释，而且光学工业也发展起来了。德国耶拿的蔡司光学仪器厂特别成功，它是由蔡司 (Carl Zeiss)、阿贝 (Ernst Abbe) 和肖特 (Otto Schott) 在 1846 年创办的。阿贝还是耶拿大学的物理学教授呢。耶拿造出了非常好的光学仪器，诸如性能极佳的望远镜和显微镜。

1895 年，维尔茨堡的伦琴 (Wilhelm Conrad Röntgen) 发现了 X 射线。他没有看到 X 射线的任何衍射现象，而这个特性直到 1912 年才被搞清楚。这一年慕尼黑的劳厄 (Max von Laue) 利用晶体观测到了 X 射线的衍射。因此 X 射线像光一样是电磁波。同可见光比较，X 射线具有非常短的波长。

费恩曼：牛顿先生，可见光只占电磁波谱很小的一部分。还有波长非常短的紫外光，以及 γ 射线和 X 射线。红外光与可见光相比具有很长的波长，像无线电波一样。可见光所具有的波长比原子的半径稍大一些，只占整个电磁波谱很小的一部分。

牛顿：让我们假设光确实是一种波动现象。在这种情况下，我有一个问题要问。水波是由水组成的，声波是空气中的一种波动现象，可是光波是由什么组成的呢？就光而言，是什么在振动？它一定是某种无所不在的东西，既存在于地球这儿也存在于星系际空间，也许是以太（ether）。

爱因斯坦：没错。19 世纪的物理学家们提出的想法是：存在一种特殊物质，当光到达时它就开始振荡。他们把这种物质叫做以太。可是它一定是一种奇怪的物质，无处不在；一种幽灵般的物质，既存在于地球这里也存在于宇宙的每一个角落，甚至远离任何星系的任何地方。

随后人们做出了一系列有趣的发现。最先的发现是由丹麦物理学家奥斯特（Christian Oersted）做出的。他在 1820 年和他的学生一起做了一个实验，观测到一种奇怪的现象：无意中被放到电线附近的指南针当有电流流过时发生了偏转。因此他发现电流可以产生磁效应：电和磁是相关的。下一个发现是由英国的法拉第在 1831 年做出的。他发现运动的磁铁可以在电线中产生电压。如今我们采用这一原理，利用涡轮机发电。法拉第用电流和磁铁做了许多实验。他有一个有趣的想法：电现象和磁现象均归因于场，场可以穿越空间传播，并取代以太。

电场和磁场并非互不依赖，而是存在强烈的关联，并且相互影响。电流（比方说一个运动的电荷）会产生磁场，而随时间变化的磁场又会产生电场。因此电场和磁场是密切相关的，应该被称做电磁场。这些在空间传播的场并不需要以太。可是即便到了20世纪初，物理学家们仍然在谈论以太。在1860年之后的数年时间，英国物理学家麦克斯韦发现了描述电磁场传播的方程组。该方程组于1864年由英国皇家学会发表，现今被称做麦克斯韦方程组。它也许是物理学中最著名的方程组。

麦克斯韦方程组是非凡的。它是在一个相对论还不为世人所知的年代被推导出来的，可是后来的结果表明麦克斯韦方程组其实是一个相对论性方程组。假如麦克斯韦的寿命更长一点，他或许会发现相对论。然而不幸的是他在48岁就英年早逝了，而我在1905年发现了相对论。即便没有相对论，麦克斯韦方程组也是一个圆满的成功，甚至到了今天也没必要改变这个方程组——它似乎是完全正确的。艾萨克爵士，您的力学不得不被相对论力学所取代，可是麦克斯韦方程组仍旧保持不变。

图3.3　麦克斯韦（1831—1879）统一了电和磁，预言了电磁波的存在。海因里希·赫兹于1888年发现了电磁波。

我想再强调一遍：随时间变化的磁场产生电场，而所产生的电场也随时间变化，再产生磁场，而所产生的磁场又随时间变化，如此等等。这一特性都包含在麦克斯韦方程组里面了，你们可以想象它意味着什么。

牛顿：是的，它意味着两个场是耦合在一起的。即便没有带电粒子，场也能够存在。结果就是电磁波穿越空间传播，它的速度也许等于光速。

费恩曼：没错，这就是麦克斯韦所预言的电磁波。麦克斯韦凭借自己的方程组可以计算出电磁波的传播速度，他得到了光速，大约每秒钟300 000千米。光也是一种电磁波，不过它的波长相当短。比方说，红光的波长大约是700纳米，1纳米（nm）= 10^{-6}毫米 = 10^{-9}米。

电磁波是在1888年被海因里希·赫兹（Heinrich Hertz）发现的，他当时是德国卡尔斯鲁厄工业大学的物理学教授。赫兹利用无线电发射机产生了电磁波，再用无线电接收器把电磁波记录下来。海因里希·赫兹的发现开辟了无线电技术的发展之路，不久之后第一批无线电接收装置就被制造出来了。如今我们都被电磁波淹没了，尤其是那些来自电视台的电磁波。每当看到我们电视台的节目时，我经常想，海因里希·赫兹要是从来没有发现电磁波的话那该有多好！

牛顿：光只是一种电磁波——这太好了！那些电磁波不需要任何以太。我的粒子理论是错的——那我不得不重新撰写我《原理》一书的部分章节了。

费恩曼：艾萨克爵士，您太谦虚了！我们马上就会看到，您的理论不完全是错的。是的，光也是一种电磁波，它具有相当短的波长。广播电台产生的是波长相当长的电磁波，短波无线电信号的波长为10米到100米左右，而中频无线电波的波长甚至更长。

牛顿：现在我对爱因斯坦先生很不理解了。您提出了光子，即光的粒子。但如果光是一种波动现象，那光子的概念就不可能是对的。我们两个都错啦！

爱因斯坦：不，事情并没这么简单。20世纪初，对光的理解曾出现过一场危机。就X射线来说，人们看不到任何干涉现象。X射线是粒子还是波？因利用X射线研究晶体而在1915年获得诺贝尔奖的布拉格（William Bragg）曾经说过："我在星期一、星期三和星期五讲授光的粒子理论，而在星期二、星期四和星期六讲授光的波动理论。"似乎这位可怜的老兄每天都得讲课。可是最后劳厄利用晶体发现了X射线的干涉现象和衍射现象。晶体使我们得以研究像原子那般线度的波长。

然而，当时也有一些实验支持光是一种粒子现象的理论，尤其是光电效应实验。在光电效应实验中，如果把光直接照射在一块金属表面上，就会有电子从金属表面发射出来。电子被束缚在金属原子里面，要逼迫它们出来，就需要一份最小能量。海因里希·赫兹和勒纳详细研究了光电效应，发现电子的动能依赖于光的颜色而不是光的强度。倘若光是一种波动现象，人们就会期待相反的结果。我考虑了这个问题，并慢慢地找到了答案。1905年，我在论文中写道："一束光线的能量是由大量的光量子给定的；光量子穿越空间运动，而且在光电效应中只能被金属整个吸收。"因此光子的思想诞生了。可是我仍旧感到困惑，原因在于人们无法完全抛弃光的波动本性。尽管如此，我由于提出光电效应的理论而获得了1921年的诺贝尔奖。

后来到了1922年，事情变得很明确，我的理论是对的。尤其是康普顿（Arthur Compton）的实验证明了我的理论的正确性，他当时在研究光的散射。他发现，如果光被散射的话就会改变它的频率。他证实了，光的能量和动量表现得就像它是由粒子组成的一样。依照康普顿的实验，光只不过是一连串的光子而已。

海森伯：是的，但事情并非如此简单。光是由粒子组成的，但光同时也是波。在量子力学中这一点并不矛盾，可以把光的粒子绘景和波动绘景统一起来。

我先讨论一个简单的实验，这是由英国的杰弗里·泰勒爵士（Sir Geoffrey Taylor）在1915年做的。泰勒采用很微弱的光进行实验。假如粒子理论是对的，那么每秒钟最多只会有一个光子通过双缝。泰勒在狭缝后面放置了感光胶片，使得每个光子都会在它上面留下一个黑点。几天后，泰勒察看了胶片。虽然只有单个光子通过了狭缝，他却观测到了干涉条纹。

牛顿：我理解不了这种现象。如果只有单个的光子通过狭缝，比方说每秒钟一个光子，这些光子中的每一个必定穿过第一条或者第二条狭缝。因此我认为不应该有干涉条纹。倘若有许多光子穿过狭缝，情况就不一样了，因为光子和光子可以相互作用，并以这种方式产生干涉条纹。干涉条纹是集体效应，因为有许多光子参与。如果存在很多光子的话，光就是波。单个光子只能是粒子。

海森伯：牛顿先生，这样说是不对的。假如在泰勒的实验中把一条狭缝关闭，人们就看不到任何干涉现象了。如果一个光子穿过一条狭缝，它似乎知道另一条狭缝是开着的还是关着的。干涉图案依赖于一条狭缝是否关闭。干涉并不是有许多光子参与的情况下才出现，而是只要有一个光子在场时就已经出现了。爱因斯坦先生，您和玻尔就这一点有过很多讨论。

爱因斯坦：没错，而且我的意见是：人们可以针对每个粒子算出它穿过了一号狭缝还是二号狭缝，但在这种情况下我们就会遇到你刚刚提到的问题。我和玻尔都没有解决这个问题。

海森伯：这对玻尔来说不是个问题。他总是说：不可能在精确地知道光子前进路径的同时观测到干涉条纹。比方说，人们可以制备出垂直于光子束的电子束。倘若在一号狭缝处发生光子和电子的相互作用，我们就会知道光子一定已经穿过了这条狭缝。如果知道了光子的路径，就不会有干涉条纹出现。可是假如以不要知道光子的路径这样的方式做实验，干涉条纹就会出现。因此我们可以选择：要么我们知道光子的路径，在这种情况下不出现干涉条纹；要么我们不知道光子的路径，在这种情况下干涉条纹会出现。干涉条纹是我们不知晓光子路径的一个标志。

爱因斯坦:量子力学是一个奇怪的理论。我无法理解它，对我来说它就是个谜。

牛顿:您夸张了吧，爱因斯坦先生。我觉得量子力学令人兴奋，它是某种叫人无法很快领会的东西。它是一个奇妙的理论，而且您实际上从一开始就帮助创建了这个理论。

海森伯:量子力学也是一个相当精确的理论。如果考虑单个光子，我们可以说出在某处发现它的概率。光子并不一定会出现在那里，但我们能够严格算出它出现的概率。起初我在量子力学的统计解释方面也困惑不已。概率解释的想法是由格丁根的玻恩提出来的，表述如下。波函数的模平方等于概率。波函数不是物理场，而是某种鬼场 (ghost field) 。粒子的运动遵从概率论的规则，但波函数是由薛定谔方程精确地决定的。玻恩提出的概率解释是自然界中严格因果关系的终结。然而

图 3.4　玻恩。他提出了量子物理学的概率解释，并于 1954 年获得了诺贝尔奖。

薛定谔并不接受这一点。

牛顿:对于偶然事件，又会怎么样呢？在日常生活中，我们会经常谈及偶然事件。当我站在苹果树下的时候，一个苹果落下来并砸到我头上的事件是可能发生的。我把这一事件当做一个偶然事件。苹果挂在树枝上，而当树枝折断时，苹果就会落下来。因此苹果的落下不是一个偶然事件，它是一个因果过程。我们之所以把一件事件叫做偶然事件，是因为我们不了解事件的细节。

海森伯:您说得对。关于这一点，我来说说主观上的偶然事件。我们对事件知之甚少，为此我们称之为偶然事件。可实际上它并非一个偶然事件，它是一个因果过程。

牛顿:或许我们在量子物理学中所讨论的偶然事件就属于这一类。我们不了解事件的任何细节，为此我们称之为偶然事件。但如果人们进一步研究事件的过程，它就显得很不一样。或许存在不为我们所知的新参量，某种隐参量（hidden parameter）。

图3.5 薛定谔（1887—1961）。他在1926年推导出一个方程，后来该方程被称做薛定谔方程。他获得了1933年的诺贝尔奖。

海森伯:不，我认为不存在隐参量，而且我猜想费恩曼也会这么认为。在量子物理学中，偶然事件的出现是因为没有任何理由发生特殊事件，而不仅仅是因为我们不了解一个事件发生的详细原因。比方说，一个粒子可以飞过这条狭缝或者另一条狭缝，由于两种可能性都是容许的，我们才得到干涉图样。量子物理学中的偶然事件并非主观的偶然事件，而是客观的偶然事件。牛顿先生，任何事情都是不确定的——我们的世界是一个充满偶然性的世界。

爱因斯坦：我不同意。你描述了一个赌场般的世界，可是我们的真实世界并非赌场。我不相信玻恩的概率解释。上帝并不掷骰子，我们也不是赌场管理员。

费恩曼：亲爱的爱因斯坦先生，咱们是在宏观世界里长大的，这个世界并非赌场。所有的过程都有一个起因。我们的观念是在宏观世界中发展起来的。但量子物理学的世界不一样。一旦量子过程变得相关，我们的宏观观念就不再有用了。可是由于我们没有其他观念，即使在量子世界中我们也必须使用那些宏观观念，而这一点只有当我们采用概率解释的时候才恰好能够做得到。假如我们不采用概率解释，就会有麻烦。

爱因斯坦：我不接受这种解释。我一直对量子物理学的概率解释感到不快。上帝并不掷骰子，而这个世界也不是赌场。

海森伯：可是玻尔经常对您说，您应该停止对上帝发号施令。上帝知道自己在干什么，他不会向您请教。上帝就是掷骰子的，因为他喜欢这样做，而且我们的世界就是一个赌场，虽然我并不喜欢这种表达方式。

费恩曼：爱因斯坦先生，上帝确实掷骰子，您应该接受这一点。尤其在人们考虑海森伯不确定关系的情况下，概率解释就变得很重要了。我们可以相当精确地测量一个粒子的位置，但另一方面它的速度是不确定的；而如果我们更精确地知道了粒子的速度，它的位置就不确定了。位置不确定度和动量不确定度的乘积由普朗克常量给出。正如玻尔总是强调的那样，位置和动量是彼此互补的两个量。

海森伯：在我们的宏观世界中，一个物体具有确定的速度，而且处在确定的位置。但在量子世界中，这就不对了。量子世界不同于宏观世界，我们不能用宏观观念去领会它。

爱因斯坦：1924年，巴黎的德布罗意提出了一个有趣的想法。他知道光是波，但同时光也是粒子，因此光具有波粒二象性。德布罗意在他的博士论文中把这种波粒二象性推广到所有粒子，比方说电子。

巴黎的物理学教授们不能肯定波粒二象性的想法好还是不好，于是他们请我做审稿人。不管怎样，我觉得德布罗意的想法非常有意思。实验不久就支持了他的想法。使电子束在晶体上发生散射，其衍射图样在1927年被观测到了，与X射线的衍射图样很相似。几年后，人们用钠原子束流做实验，也观测到了衍射图样。

现在仍需理解的是，为什么不但光子具有波粒二象性，而且所有的基本粒子都具有这种奇怪的二象性。他们既是粒子，同时也是波。我无法理解有关的细节，可是德布罗意在1929年获得了诺贝尔奖。他的思想对于量子力学的进一步发展非常重要，而量子力学有时也叫做波动力学。

费恩曼：的确，人们可以用电子做双缝实验，就像用光做的实验一样。其干涉现象和水波的干涉现象很相似。

牛顿：我没有真正搞明白为什么人们会发现这些干涉现象。我们可以观测每个电子，尤其是当我们知道一个电子是从哪条狭缝飞过去的时候。

费恩曼：为了查明电子是从哪条狭缝飞过去的，您只好让光同电子发生散射。可是假如您这么做，就不会出现干涉现象了。如果人们观测到电子，比如用光来做实验，电子就是正常粒子。可如果电子

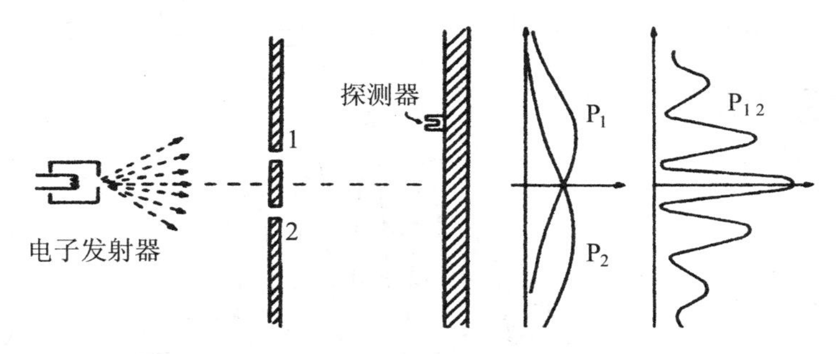

图 3.6　双缝实验。如果关闭第二条狭缝，人们就会发现形如P_1的分布。如果关闭第一条狭缝，人们就会发现形如 P_2 的分布。如果两条狭缝都开放，人们不会得到 P_1 与 P_2 之和 P_1+P_2，而是具有干涉图样的 P_{12}分布。

没有被观测到，它们就是波。这听起来很不可思议，但却很容易理解。人们用光子来观测电子，假使光子与电子发生碰撞，电子的路径就被改变了，这样干涉现象就被破坏了。

人们近来已经能够用中子进行双缝实验，随后也得以用原子来做实验。在这些实验中，甚至尺寸相当大的原子的行为表现也像波。富勒烯也被用来做双缝实验，它属于巨型分子，由 60 个或更多的碳原子组成，看起来就像足球。在使用富勒烯的情况下，人们也观测到了干涉图样。

电子怎么可能既是粒子同时也是波呢？我们那些关于粒子运动的经典概念不能用于原子世界。这些概念的形成来自于我们与大的物体打交道所积累的经验，这些物体与原子相比都是庞然大物。为了领会原子物理学，人们不得不使用新的概念。微观物理学具有与宏观物理学很不相同的定律。要描述一个原子过程，粒子绘景和波动绘景都是我们所需要的。

海森伯：考虑一下氢原子的原子云。我们可以用一台好的照相机给电子照相。人们发现电子在不同位置的概率是确定的。可是电子

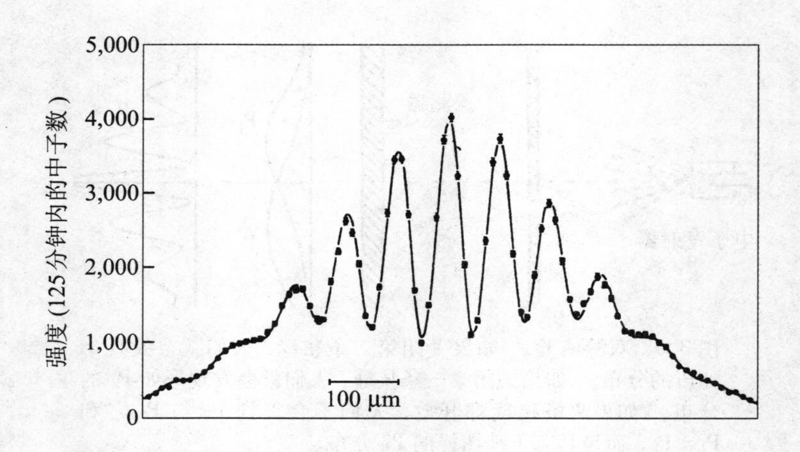

图3.7　慢中子穿过双缝后的强度变化。实线代表量子力学的预言结果。实验结果与理论预言符合得很完美。

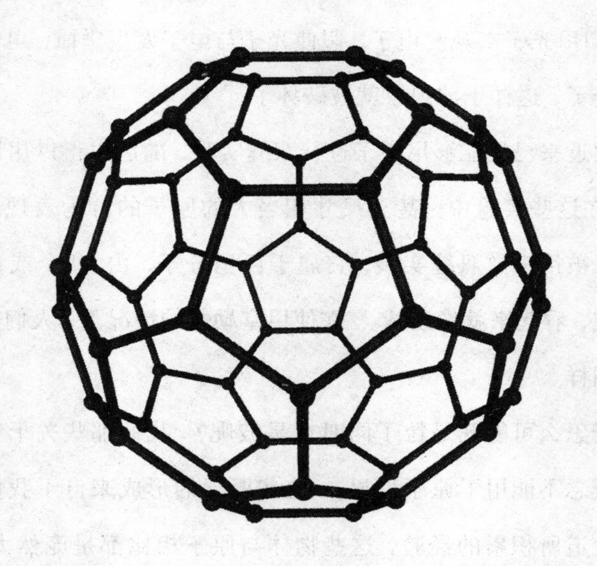

图3.8　富勒烯 C_{60}——每个顶角处都有一个碳原子。

并没有轨迹，电子的波函数是驻波。这个波函数的模的平方描述了在该处发现这个电子的概率。

作为一个青年学生，我经常对稳定性现象感到疑惑。为什么两个氢原子和一个氧原子结合成一个水分子？ 原子和分子的动力学肯定和经典系统的动力学不同。

在对话《蒂迈欧篇》中，柏拉图写道："原子是小三角形，能够与立方体、四面体和八面体等大的几何体相结合。 这些几何图形就应该是土、火、空气和水等四种元素的基本单元。"我起初不相信这一点，可是后来我认为柏拉图也许是对的。 原子和分子是新的数学结构，而我们不得不去搞清楚它们的本来面目。

玻尔有一个简单的方法描述氢原子。 他假设电子像在经典力学中那样运动，但另一方面他要求电子满足量子化条件，只选择电子经典轨道中的几条作为物理轨道。 他的结果与实验符合得极好。

让我们回到爱因斯坦先生的光量子和光电效应的思想上来。 依照玻尔的观点，电子会从一条轨道跃迁到另一条轨道，通过光子的形式发射出能量。 可是，我不相信这个观点是对的。 在原子中，电子的确定轨道也许并不存在。 我正在寻找新的数学结构来取代轨道的概念。

牛顿:真奇怪！ 玻尔起初设想了把我的经典力学用于描述电子的轨道，但然后他又运用了量子化条件并发现原子是稳定的。 电子的轨道在地球这儿和在遥远的行星上是完全相同的。 玻尔可以很好地描述实验结果，但没有人明白情况为什么会是这样。

海森伯:1925 年春天，我患上花粉热，来到黑尔戈兰岛养病。 小岛在海的中央，远离盛开的鲜花。 在黑尔戈兰岛上，我可以做研究工作。 我把玻尔和索末菲的量子化条件用新的条件替代了，后者只和可观测量有关，与虚构的电子轨道所满足的量子化条件无关。 我得到了一个新理论，并逐渐习惯了我在理论中用到的新数学，尽管还有一些细节我并不理解。

当我回到格丁根的时候，玻恩告诉我，我已经在自己的新理论中使用了矩阵。其实我当初并不知道矩阵是什么东西，但我很快就学会了它。特别值得一提的是矩阵具有这样的性质：两个矩阵的乘积不像普通的数的乘积那样，是不对易的。一般而言，两个矩阵 A 和 B 的乘积不等于 B 和 A 的乘积。

玻恩着重考虑了位置 x 和动量 p 的乘积。他发现了 $xp - px = i\hbar$ 的关系式。* 这个关系式是我的不确定关系的数学基础。现在位置 x 和动量 p 都是遵从数学规则的算符，而不是像在经典力学中那样是普通的数。因此 x 和 p 的对易式（即 $[x,p] = xp - px$）不等于零。

哈勒尔:2001 年，在您诞辰 100 周年的日子，包括我在内的许多物理学家去了黑尔戈兰岛。我们为一座旨在象征量子理论诞生地的纪念碑举行了揭幕典礼。您在您的书中写道：当我坐在海边的悬崖峭壁上等待日出时，产生了不确定关系的想法。这座悬崖峭壁如今已不复存在，它在多年前被一场大风暴摧毁了。

爱因斯坦:如此说来，新量子理论诞生的地方已经消失了。假如量子理论本身也不复存在的话，那就更好了！

牛顿:爱因斯坦先生，您这是胡扯。设想我们安排好下面的实验。比方说利用激光二极管，我们可以制备出单个光子。因此光很微弱，每分钟只有 1 个光子。把光投射到一面特殊的镜子，它可以让一半的光偏转到右边，另外一半的光穿过镜面。现在会发生什么？1 个光子就是 1 个粒子，它无法被分解成好几个光子。

海森伯:我能告诉您会发生什么。这个光子将要么被偏转到右边，要么穿过镜面，但它仍旧是一个光子。我们可以在右手边放置一

---

* $\hbar = h/2\pi$，被称为普朗克常量的约化形式。——译者

台光子探测器，并把另一台光子探测器放到镜子后方。我把第一台探测器称做“0”探测器，另外一台则称做“1”探测器。现在我开始做实验，并记下“0”探测器多长时间记录一个光子和“1”探测器多长时间记录一个光子。我得到一连串的数字，比如0110011011010101001001等等。这个序列是偶然的，我们不可能算出来第10个光子到达后会有什么事情发生。但如果序列越来越长，平均起来的结果就是“0”和“1”的数目一样多。得到“0”的概率是0.50，而得到“1”的概率也是0.50。牛顿先生，您的经典力学是一个精确的理论；每个事件都以100%的精确度发生。但在量子理论中，情况并不相同——人们只能靠概率说话。“0”探测器记录到一个光子的概率是50%，而“1”探测器记录到一个光子的概率也是50%。

哈勒尔：我想说说薛定谔多年前讨论过的一个问题。薛定谔不相信量子力学的统计解释。他讨论了下面的假想实验。把一个放射性原子和一只猫放进箱子里面。探测器安放在原子周围。原子在一小时以后的衰变概率为50%。倘若探测器记录到原子的衰变，有把铁锤就会打碎装着毒药的小玻璃瓶，然后将猫毒死。这只猫现在是否是一只量子猫的问题就出现了。如果我们无法观测这只猫，就应该假设它既不活着也没有死去，而是处于两种可能性相叠加的状态。薛定谔感到这很奇怪：猫成了有几分像（“活猫”+“死猫”）$/\sqrt{2}$的东西。

爱因斯坦：胡扯。箱子可以有个窗口，而我可以看得见猫是活着还是死了。在两者之间的任何状态都是不可能的。假如我呆在箱子里面的话，你们就要讨论形如（“活爱因斯坦”+“死爱因斯坦”）$/\sqrt{2}$

的状态了。太荒唐了！

费恩曼：我同意爱因斯坦的意见。我也没有领会问题之所在。

海森伯：我也同意。咱们不要再讨论薛定谔量子猫了。让我说一说量子物理学另外一个有趣的性质。在经典力学中，人们可以辨别一个系统中的粒子。比方说，我们可以给它们编号或者取名，而且可以观测它们的运行轨道——名叫汉斯的粒子在那边，而名叫彼得的粒子在另一个角落里。

在量子理论中这是不可能的，原因在于不确定关系。粒子失去其个性。当我观察某处的某个电子时，片刻之后我看见了另一个电子，但却不可能查明第一个电子是否等同于第二个电子。粒子是不可能被鉴别的，即无法给它们取名。我不能把一个电子称做汉斯，而把另一个叫做彼得。名叫汉斯的粒子和名叫彼得的粒子是全同的，他们应该被称为汉斯—彼得。我只能观测到两个电子，但不可能区分这些粒子——这是量子物理学一个相当微妙的特性。

哈勒尔：我建议咱们现在休息一下，穿过柏林闹市区散散步。

这次休息的时间相当长。他们去了亚历山大广场，然后来到佩加蒙博物馆，并沿着菩提树下大街一直走。他们在弗里德里希大街的一家餐馆停下来喝咖啡，然后向南走到波茨坦广场。两小时之后，他们返回了科学院。

第四章　量子振子

费恩曼: 我建议，由海森伯先生您来给我们解释另一个简单系统——谐振子。我相信您考虑过这个系统，特别是在引进量子力学之前的那几年里。

牛顿: 是呀，我对经典力学中的谐振子一清二楚。我想知道人们在量子力学中是如何处理谐振子的。或许它在量子物理学中不会像在经典物理学中那样简单。

在经典力学中，谐振子问题的解是很简单的。我们考虑一个固定在弹簧上的粒子。当这个点离开其平衡点时，试图把它拉回到平衡点的力就会出现。力意味着质量和加速度的乘积，即

$$m\frac{\mathrm{d}^2x}{\mathrm{d}t^2}=-kx\ ,$$

其中：m 为粒子的质量，x 表示到平衡点的距离，k 是描述弹簧弹力强度的常量，$\mathrm{d}^2x/\mathrm{d}t^2$ 代表加速度。

这个简单的微分方程的解是众所周知的：$x=A\sin(\omega t)$，这里

A 是一个任意常数，ω 是振动的频率。后者由质量和常量 k 给出：$\omega=\sqrt{k/m}$。正弦函数有一个显著特性，即它的二阶导数正比于正弦函数本身。如果我们计算加速度，就会发现它其实正比于 x。在量子力学中，情况会是怎样的呢？

海森伯：当年我和泡利都在慕尼黑大学，是索末菲的博士研究生，我主要研究原子物理学。有一天泡利来找我，说研究量子物理学中的谐振子问题会很有趣。我很感兴趣，开始对这个问题展开研究。我在黑尔戈兰岛时运用一种新的数学成功地发现了谐振子问题的一个解。这个解十分简单。后来薛定谔用不同的方法解决了同一个问题，他也得到了相同的解。我们会详细地考虑该问题。薛定谔的方法比我的还要简单。

薛定谔针对谐振子写下了他的方程，那是一个简单的微分方程。然后他求出了方程的解。让我们看一看最简单的情形，即一维谐振子的情形。我首先引入一个新的参量，振子的长度，由一个简单公式给出：

$$b=\sqrt{h/2\pi m\omega}.$$

如果用 b 作为单位测量长度，那么基态（即能量最低的态）的波函数很简单：

$$\phi_0=\pi^{-1/4}\mathrm{e}^{-x^2/2}.$$

这个态的能量为

$$E=h\omega/4\pi.$$

激发态可以用指标 n 来描述。基态的指标为 $n=0$，而第一激发态的指标为 $n=1$。第一激发态由波函数给出：

$$\phi_1=\mathrm{const.}\,\mathrm{e}^{-x^2/2}2x.$$

前面的“const.”是归一化常数，所取的值应该保证对波函数的积分等于1。假如 $n=2$，波函数为

$$\phi_2 = \text{const.}\, e^{-x^2/2}(2x^2-1).$$

再考虑 $n=3$ 的情形，这时的波函数为

$$\phi_3 = \text{const.}\, e^{-x^2/2}(2x^3-3).$$

爱因斯坦：对牛顿而言，如果他能在黑板上看到波函数的曲线，情况会更简单些。我可以画出波函数来。基态波函数是关于 $x=0$ 左右对称的，第一激发态是反对称的，第二激发态又是对称的，等等。

费恩曼：考虑一个振动粒子的概率。在经典粒子的情况下，这很容易计算。振动粒子的概率在中心点 $x=0$ 处取极小值，而在粒子转向的两处概率则趋于无穷大。现在我们转到量子物理学，考虑 $n=1$ 的波函数。在中心点处概率为零，接着我们得到两个极大值，最后概率以指数方式趋于零。

再考虑 $n=10$ 的情形。这时波函数在10个不同的点处取零。但是当我们求概率的平均值时，我们差不多得到了经典概率。牛顿先生，您看见了吧，经典物理学适用于 n 的值很大的情形。但是对很小的 n 而言，与经典物理学的偏离还是很显著的。

牛顿：可是当我考虑基态时，我注意到了很奇怪的事情。处于最低态的粒子应该是静止的，而且能量等于零。但情况并非如此。你们也画出了粒子的势能图，我们可以看到粒子有时处在经典物理学所不容许的区域。

海森伯：是的。在量子力学中，粒子可能会出现在经典物理学所不容许的区域，这是从我的不确定关系得出来的结果。在经典物理学中，如果粒子处于静止态，就会得到能量的最低值零。但在量子物

理学中，这样的态是不容许的，因为它违反不确定关系。假如粒子是静止的，它的动量就会等于零，而且它就会静止在某个特定点——这种情形违反不确定关系。

在基态（即能量最低的态），粒子的动量和位置都不等于零，而我的不确定关系是有效的。处在基态的粒子也会动来动去。如果 n 等于零，那么粒子的能量为 $h\omega/4\pi$；不可能有更小的能量了。对于一个经典振子来说，所有可能的能量值都是容许的；但对于一个遵从量子物理学定律的振子而言，只有特定的能量值才是可能的。

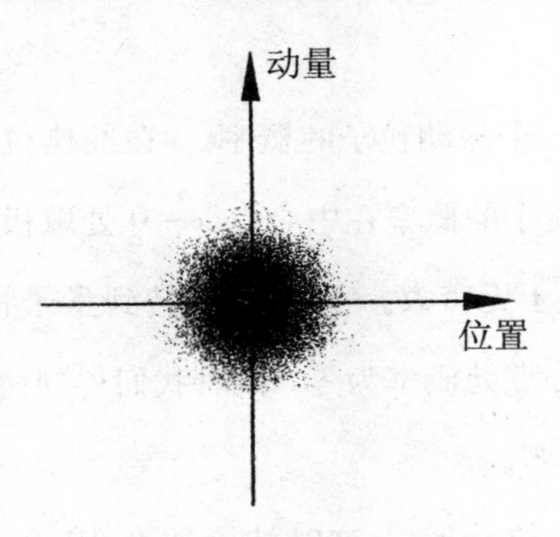

图 4.1　在谐振子的基态，由于不确定关系，粒子的动量和位置是不确定的。

其他的态也相当简单。任意两个相邻的态之间的能量差都相等：$E = h\omega/2\pi$。因此这些差值是基态能量的 2 倍。谐振子是一个很简单的系统，它的能量增加的幅度相同，能量本征值为：

$$E_n = \left(n + \frac{1}{2}\right) h\omega/2\pi .$$

由于不确定关系，处于某一激发态的粒子可以出现在经典物理学所禁止的区域。

现在回到薛定谔方程。振子的能量由以下方程给定：

$$E = \frac{p^2}{2m} + V .$$

这里，m 是粒子的质量，V 是势能，其值正比于 x^2。因而薛定谔方程具有如下形式：

$$E\psi=-\frac{h^2}{8\pi^2 m}\frac{\mathrm{d}^2\psi}{\mathrm{d}x^2}+V\psi.$$

我们已经看到，一个在振子势场中运动的粒子可以部分地出现于经典物理学所禁止的区域。但是粒子不会进入禁区很远，它进入禁区的概率正比于一个指数因子，而这个指数因子会很快趋于零。

这一点是普遍成立的。在经典物理学中，只要一个粒子的能量高于势阱的势能，它就可以爬过势阱。但在量子物理学中，即便一个粒子的能量低于势阱的势能，它也能够穿透势阱。这种现象叫做隧道效应（tunnel effect）。

我们最近研究了无限深势阱的情形。在这种情形下，波函数在势阱的边缘处一定为零。还可以考虑有限深势阱的情形。在这种情形下，至少可以得到薛定谔方程的一个解。波函数在超出势阱边缘的地方也是有限的，也就是说，粒子可以进入经典物理学所禁止的区域。

费恩曼：我想要提及隧道效应的一个技术应用。取一根非常尖细而且带正电荷的针，再让这根针靠近带负电荷的金属表面。如果针远离金属表面，在针和金属之间就存在一个电场，但是并没有电流流动。可是如果针很靠近金属的表面，那么由于隧道效应就会有电流开始流动。

金属中的部分电子利用隧道效应跳到了针尖上。这在经典物理学中是不容许的。可是由于隧道效应，电流在流动。如果我们使针尖远离金属表面，电流就会消失。因此，隧道效应可以用来检测我们距离金属表面有多远。

最近人们发现了隧道效应一个有趣的应用。我们可以利用尖细的针来仔细研究金属表面。这样的仪器叫做隧道显微镜。尤其是它可以用于研究特别小的距离（不大于氢原子的尺寸）。在测量过程中，人们在金属表面的上方移动带电的细针。针尖和金属表面不接触，没有电流流动。但假如针尖到金属表面的距离仅仅只有几个原子直径的线度，隧道电流就会出现，这个电流强烈依赖于针尖和金属表面之间的距离。

在隧道显微镜中，如果针尖和金属表面之间的距离保持不变，则针尖与金属表面之间的隧道电流就能刻画出金属表面的轮廓。不过，隧道显微镜只能应用于金属表面。

哈勒尔：请允许我打断这场讨论。今天我和一个同事通了电话，他负责照料爱因斯坦在卡普特的住宅。我们达成了协议，明天我们可以搬进那栋房子。亲爱的爱因斯坦先生，我不久前在讨论广义相对论的时候就已经在您的房子里面住过了。我希望您不介意我们搬到那儿去住。

爱因斯坦：当然不介意，我没有任何理由反对这个建议。既然我们现在身在柏林，倒不如也都到我的房子去住，而且你们都是我在卡普特的客人。我建议我们今天下午就搬到那边去。

这些物理学家回到酒店打点好行装后，乘出租车来到波茨坦，然后继续乘车前往卡普特。一个多小时之后，他们到了爱因斯坦的住宅，瓦尔特大街7号。爱因斯坦住进了他自己的房间，而费恩曼、哈勒尔、海森伯和牛顿则住进了两间客房。哈勒尔和海森伯住一间客房，费恩曼和牛顿同住另一间客房。

这时天色已晚，他们决定不去餐馆了，而是在房子里面吃晚饭。

爱因斯坦到超市采购了在露台开烤肉派对所需的一切。他们烤的是小羊排，而且喝了很多啤酒。施维洛湖近在眼前，湖面上波光粼粼，那是阳光被水面反射的景象。

爱因斯坦：这里的确是好极了。令人遗憾的是，我那时只能在这栋房子里住两个夏天。1932 年的秋天，我去了美国加州的帕萨迪纳。1933 年 1 月，希特勒（Adolf Hitler）这个罪犯当上了德国总理，而我无法再回到柏林。我最终去了普林斯顿，成为美丽的普林斯顿高等研究院的一员。在普林斯顿那里，我经常想起我在卡普特的家。我梦想着最终能回来，可是到头来什么也没发生。战后我原本是可以回来的，但我却不想再回到德国了。

费恩曼：为什么德国选择了希特勒这个奥地利罪犯？德国是一个文明的国度，然而这一切却发生了，为什么？

海森伯：没有人知道答案，很奇怪。希特勒成为总理时，我曾想过离开德国，但是我又不想离开我的祖国。我想希特勒当政这件事会很快过去，可是我错了。花了 12 年，很长一段时间，一切才烟消云散。我当时真应该接受哥伦比亚大学授予我的教授职位。不过，我们别再谈论政治了。我很高兴您现在呆在这里，和我们在一起，爱因斯坦先生。

这些物理学家在露台一直坐到午夜。他们谈论了很多政治问题，尤其是欧洲的新发展和德国在 1990 年的统一。

第五章 氢原子

第二天早上，物理学家们聚在露台上吃早饭。海森伯开始了讨论："今天我们将讨论氢原子的量子特征。它是最简单的原子，而且在经典力学中相当容易描述它的性质。一个电子围绕着原子核运动，而原子核就是一个粒子——质子。牛顿可以毫不费力地解决这个问题。"

牛顿：是的，这很容易做到。围绕原子核运动的电子具有确定的角动量，它的能量是任意的，问题很容易解决。电子在一条椭圆轨道上来回转动，就像地球围绕太阳转动。现在我想听听在量子物理学中是如何解决这个问题的。

海森伯：首先，我要提到瑞士物理学家巴耳末。他是位中学教师，在1885年发现由热氢原子发射出来的光具有量子化的波长。他发现其波长遵从简单的公式：

$$\lambda = A\left(\frac{n^2}{n^2-4}\right),$$

这里，A 是常量，n 是自然数（$n=3$，$n=4$，等等）。如何才能理解这些离散的波长呢?

薛定谔方程含有库仑势，该库仑势等于一个常量乘以$1/r$，其中 r 是电子和原子核之间的距离。库仑力的大小正比于 $1/r^2$。我们考虑氢原子的最低态。氢原子是个对称的原子，所以作用在电子上的力只依赖于电子到质子的距离，而不依赖于方向。因此电子的角动量是一个守恒量。在量子力学中，存在 $2L+1$ 个不同的态，它们都具有角动量 L。这些态之间相差的仅仅是另一个量子数 m，m 的值可以在 $-L$ 和 $+L$ 之间变化。这个量子数描述了角动量在 z 轴上的投影，它叫做“磁量子数”（magnetic quantum number），因为人们可以在磁场中测量它。

牛顿:我的理解是：角动量也被量子化了，它只能取离散值。

海森伯:没错，只有离散值才行。如果我们只考虑电子相对于质子的距离移动，问题就简化为一维问题。在这种情况下，作用在电子上的力有两个分量：电吸引力和离心力。后者是一个虚构的力，是由角动量守恒产生出来的，而且只在很短的距离才起作用。

倘若我们求解薛定谔方程，就会得到电子的能量本征态。对于一个确定的可能能量而言，电子可以有 $2L+1$ 个不同的态。因此能量本征态是简并的，而这种简并性归因于电吸引力的轴对称性。$2L+1$ 个不同的态具有相同的角动量，但磁量子数不同。能量由一个径向量子数（radial quantum number）n 给出。角动量从量子数 $L=0$ 开始，紧接着的是 $L=1$，$L=2$，等等。如果把氢原子放到磁场中，这种简并性就会消失，$2L+1$ 个不同的态就会被分离开来。

原子物理学家们引进了下面的一种描述状态的方式。假如角动量为0，就意味着这个态是轴对称的，而这样的态叫做s波。如果角动量等于1，相应的态叫做p波；角动量等于2的态被称做d波，等等。s波是轴对称的，因此波函数只依赖于距离 r。但对于其他态（比如p波）而言，存在一些确定的方向，波函数在这些方向上的任意位置都为0。

处于基态（即具有最低能量的态）的波函数在三维转动下是不变的；也就是说，在某一点发现电子的概率只依赖于它到中心点的距离。可以发现最大概率发生在 5×10^{-9} 厘米的距离附近。甚至存在一定的概率可以在质子所在的中心点发现电子。在经典物理学中这是不可能的，但在量子物理学中这是容许的。

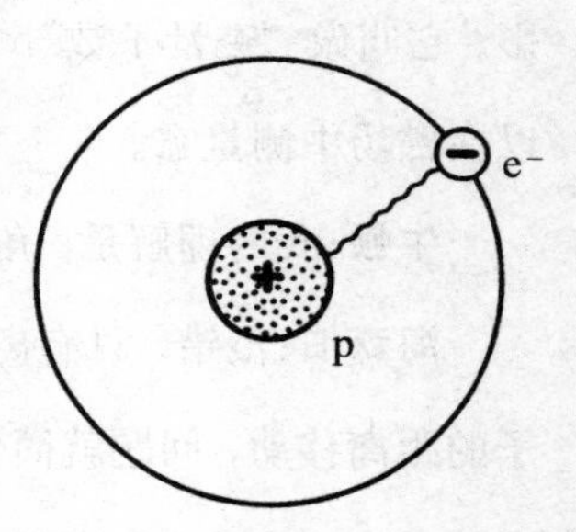

图5.1　由一个质子和一个电子组成的氢原子。

如果我们分离出角动量，薛定谔方程就会简化为一个关于半径 r 的微分方程。这个方程只有在量子数 n 取整数值（$n=1$，$n=2$，等等）的情况下才有解。对应于 n 的每个值，角动量可以取的值为0，1，2，…，$n-1$。例如 $n=3$ 时，可取 $L=0$，$L=1$ 和 $L=2$。这些态具有相同的能量。因此对于某一可能的能量，存在一定数目的态。如果能量取 n 值，那么相应地就存在 $2(n-1)^2$ 个态；当 $n=3$ 时，会有8个态。

费恩曼：在您接着说下去之前，让我提醒您一下玻尔的量子化条件。玻尔只不过假设动量（即质量×速度）和轨道半径的乘积应该等于一个整数乘以 $h/2\pi$，问题就得到了解决。玻尔很走运，因为人们后来发现他的假定只是恰好对氢原子有效，原因在于库仑力的高度对

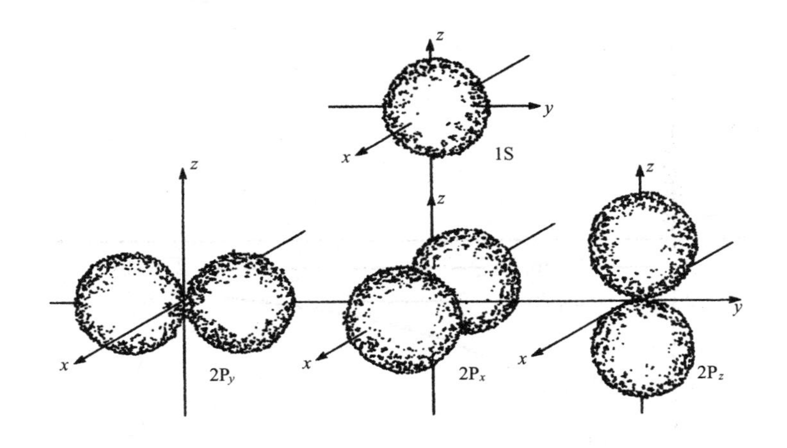

图 5.2　处于氢原子内部的电子的能量本征态。基态 1S 是轴对称的，具有零角动量。存在 3 个 2P 态，它们具有相同的能量和角动量 $L=1$。对于这些状态而言，发现电子的概率依赖于方向。

称性。玻尔的假定也给出了具有量子数 n 的态的半径，它等于 n^2 乘以基态的半径，这是一个非常简单的结果。这种态的能量等于 $1/n^2$ 乘以基态的能量。因此玻尔发现了所观测到的氢原子能谱的正确公式，例如巴耳末系的能谱。利用薛定谔方程，我们可以推导出玻尔量子化条件。

牛顿：请告诉我们薛定谔方程的精确解是什么吧。最简单的态的波函数是什么？

海森伯：您会感到惊讶的——波函数是关于半径的很简单的函数。我先给你们看一下 s 波，它是随半径而变化的函数，除以所谓的玻尔半径 0.529×10^{-10} 米。s 态的波函数为 $\Psi=\text{const.}\,e^{-r}$，它只是一个指数函数。下一个具有相同零角动量的激发态也是 s 态，但是此时的波函数会有一个零值，它正比于 $(1-r/2)\,e^{-r/2}$。我还愿意写出 2p 态的波函数，它正比于 $r\,e^{-r/2}$。

如果人们仔细研究波函数，就会发现一个值得注意的特性。玻

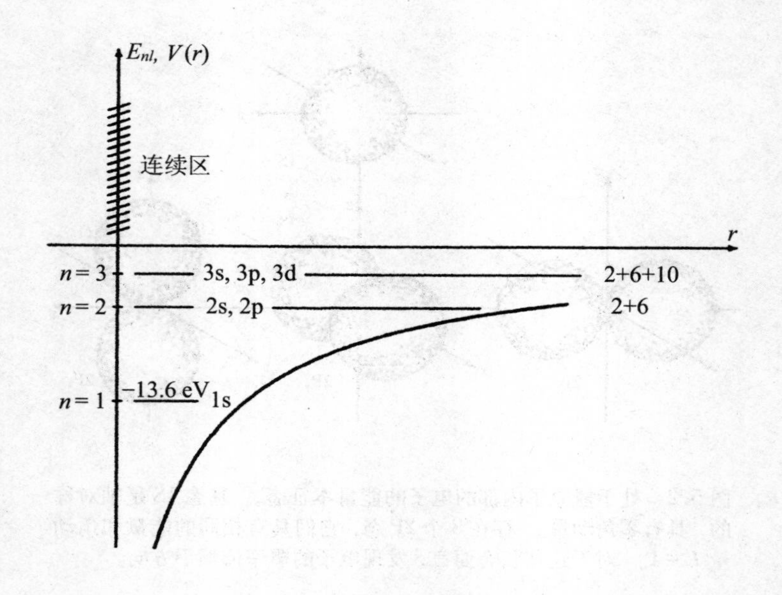

图 5.3　氢原子的第一组能量本征值。

尔用简单的方法发现，具有量子数 n 的态的半径等于 n^2 乘以玻尔半径。对于一个弥漫性的波函数而言，这是没有意义的，因为电子没有轨道；可是如果我们计算概率的最大值，就会得到与玻尔的结果完全相同的结果：n^2 乘以玻尔半径。

牛顿：玻尔的方法对氢原子特别适用。假如氢原子内部的力不是库仑力，而是稍有不同，那么玻尔的方法将会是一个很好的近似，但不会给出精确的结果。

海森伯：是的，您说得对。现在我想提一下别的特点。当 $L = n - 1$时，我们可以得到最大的角动量。如果 $L = n - 1$，我们得到的是一个圆轨道；而当 $L < n - 1$ 的时候，我们得到的轨道就是椭圆形的。在 $n = 1$ 的基态，我们只有一条圆轨道。当 $n = 2$ 时，存在两个选择：$L = 0$ 和 $L = 1$，在第一种情况下人们得到一条椭圆轨道，在第二种情况下得到的是一条圆轨道。

牛顿:现在我理解了氢原子。玻尔的绘景是错的，因为它是基于电子在确定的轨道上运动的想法。然而电子是波，可以把这些波看做振动。每个振动有一个确定的频率和固定的能量。不同的振动就是氢原子不同的态。电子的波动性质与我们得到离散能量的态的事实是直接相关联的。原子不可能连续地改变其状态，它必须从一个态跃迁到另一个态。

海森伯:没错。当薛定谔计算氢原子的不同振动时，他发现各种各样的态的能量与所观测到的能量值精确地符合。这是一个伟大的发现。

现在我想谈一下光谱线系，比方说巴耳末系。薛定谔计算了出射光的能量差值并得到了相应的波长：

$$\frac{1}{\lambda} = R\left(\frac{1}{n_{\mathrm{f}}^2} - \frac{1}{n_{\mathrm{i}}^2}\right),$$

R 是里德伯常量。实验得到 $R = 10\ 973\ 731.568\ 527\ (73)$ 米$^{-1}$。整数 n_{f} 和 n_{i} 分别是末态和初态的量子数。当 $n_{\mathrm{f}}^2 = 4$ 时，我们得到巴耳末系。巴耳末公式解释了电子到 $n = 2$ 的态的跃迁。

由于很显然的原因，人们随后发现了电子到基态的跃迁。在跃迁到基态的过程中所发射出来的光子具有很高的能量，其谱线处于光谱的紫外部分，属于莱曼系。帕邢系 (Paschen series) 和布拉开系 (Brackett series) 处于光谱的红外部分，这些谱线来自跃迁到 $n = 3$ 态和 $n = 4$ 态的电子。

我再做一下关于量子力学的几点一般性评论——这个理论给出了为什么分子和晶体呈有序状态的原因。我们这个世界的结构，比方说雪花的结构或者花朵的对称结构，是和原子所遵从的简单定律有关的。这方面的缘由等同于与氢原子有关的物理现象的缘由——所有的原子看起来都一样。我们的世界充满了有特色的结构，但是只有量子物理学可以解释这一切。原子的稳定性也可以用量子力学来解释。为了把氢原子从基态激发到下一个激发态，人们需要至少 10 电子伏的能量，否则原子就会继续留在基态。在 20 摄氏度左右的温度，原子的能量只有大约 1/40 电子伏。因此，所有的原子都处于基态。

牛顿：氢原子由一个质子和一个电子组成。要把质子和电子分离开来，需要多少能量呢？

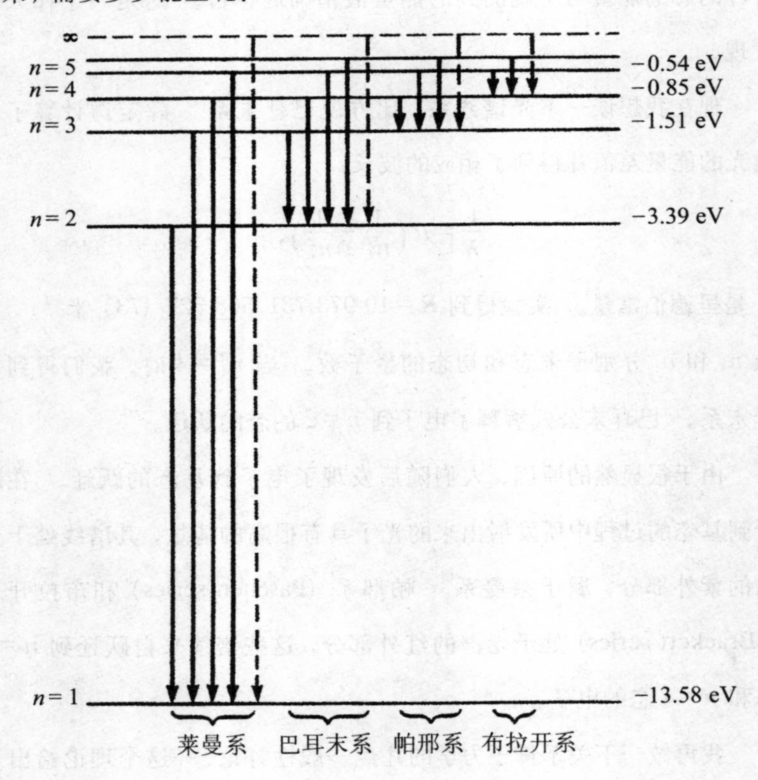

图 5.4　氢原子的能级，所示的包括莱曼系、巴耳末系、帕邢系和布拉开系。只有描述电子跃迁到 $n=2$ 状态的巴耳末系，才是由可见光的光子给出。

哈勒尔：如果我把处于静止状态的质子和电子的能量取为零，基态的能量就是 -13.6 电子伏。这是相当小的能量。原子并非束缚得很紧，所以很容易把电子释放出来。

爱因斯坦：我们知道质子并不是一个类点粒子，而是有一定大小，其线度大约为 10^{-13} 厘米。因此，描述原子的方程会略微有所变化。这些变化有关系吗？

哈勒尔：没有关系，可以把它们忽略不计。这些效应应该小于我们针对一个类点质子所得到的能量的 $1/10^9$。

牛顿：氢原子看起来有点像行星系统。但有些来自远方的物体会穿过我们的行星系统后又消失，如同彗星那样。这样的态也存在于原子物理学中吗？

费恩曼：是的，有这样的态，但它们其实不是原子。一个电子飞近一个质子，它就会发生偏转，然后再次消失。这种电子的能量不是量子化的，它可以是任意的。

我想给你们看一张图片，它描述了 $n=8$ 的氢原子态，一个高激发态。在图片的左上角，你们看到的是角动量 $L=0$ 的态。这个态像球一样，是对称的。角动量 $L=1$ 的态在下面，它就没有那么对称了。如果你们留心观察那些角动量逐渐增大的态，就会注意到它们的不对称度越来越大。如图所示，右下角角动量 $L=7$ 的态有两个相对而立的小山。

哈勒尔：亲爱的同事们，现在快到中午了。我提议，我们到卡普特这里的一家餐馆去吃午饭。

他们去了一家鱼类餐馆，这家餐馆用产自附近的施维洛湖的鲜鱼招待顾客。他们为食物配备了来自温斯特鲁特山谷的好酒，五个人喝了六瓶。带着微微醉意，他们走回爱因斯坦的住宅。他们一下午都没有讨论任何物理，而是穿越森林进行了一番远足。

图 5.5　$n=8$ 时氢原子的波函数：$L=0$（左上图）到 $L=7$（右下图）。

第六章　自旋：一个新量子数

第二天早上，早饭之后牛顿马上开始了讨论："我最近获悉，电子具有一个奇特的新量子数——自旋（spin），代表某种类型的角动量。我觉得这很奇怪，因为电子应该是一个类点物体，没有任何广延性，所以它不应该具有任何内禀角动量。可自旋是什么东西，海森伯先生？"

图 6.1　一束银原子射线通过磁场后分裂成两束射线。

海森伯:没错，自旋的确是一个奇特的量子数。它最初之所以被引入量子力学，完全是由于实验原因。1922 年，施特恩（Otto Stern）和格拉赫（Walter Gerlach）做了一个有趣的实验。他们发射一束银原子射线，使其穿过不均匀的磁场，尔后他们观测到射线分裂成两束。银原子的最外层只有一个电子，因而施特恩和格拉赫能够观测电子。如果他们采用电子射线来做实验，也会出现同样的现象。

牛顿:我猜测，这意味着电子肯定具有某种迄今任何人都没想到的性质。假如电子是类点物体，没有任何结构，就不会出现这种射线分裂的现象。

海森伯:是的，因此电子必定具有另外的性质，而这种性质与泡利的一个新想法有关。

泡利假设电子必须具有一种新的内禀量子数，该量子数可以用两个数字来描述。泡利藉此想法得以描述原子的电子云，但是他不知道这种新的量子数来自何处。1925 年，古德斯密特（Samuel Goudsmit）和乌伦贝克（George Uhlenbeck）引入了电子的内禀角动量来描述施特恩和格拉赫的实验结果。这种角动量为$\hbar/2$，其中$\hbar$是普朗克常量的约化形式。他们把这种角动量叫做自旋。

图 6.2　泡利。

泡利认为他的新量子数等同于自旋，但他很清楚自旋并不是一种真正的角动量。自旋被认为是电子的一种内在属性。我们考虑一个自旋为 1/2 的电子，它有两个不同的态：自旋为 $+1/2$ 的态和自旋为 $-1/2$ 的态。自旋的平方类似于角动量的平方，其数值为 $1/2\times3/2=3/4$。

牛顿：电子现在具有两种态：一种态的自旋为 $+1/2$，而另一种态的自旋为 $-1/2$。

海森伯：对，而且这两个态可以用 $\left|\frac{1}{2},+\frac{1}{2}\right\rangle$ 和 $\left|\frac{1}{2},-\frac{1}{2}\right\rangle$ 来描述。自旋的三个分量（也就是在 x、y 和 z 方向上的自旋），可以写成一个矩阵矢量：

$$\boldsymbol{S}=\frac{1}{2}\sigma.$$

三个自旋矩阵（S_1，S_2，S_3）由被称做泡利矩阵的简单矩阵（σ_1，σ_2，σ_3）给出：

$$\sigma_1=\begin{pmatrix}0&1\\1&0\end{pmatrix},\quad \sigma_2=\begin{pmatrix}0&-\mathrm{i}\\\mathrm{i}&0\end{pmatrix},\quad \sigma_3=\begin{pmatrix}1&0\\0&1\end{pmatrix}.$$

假如我们把这三个矩阵中的任意两个乘在一起，然后再颠倒它们的顺序相乘，并且取这两个乘积之差，我们就与计算角动量一样，得到相同的结果。这叫做对易：

$$S_iS_j-S_jS_i=\mathrm{i}\,\varepsilon_{ijk}S_k.$$

电子的自旋由两个数来描述，而泡利矩阵作用在这两个数字上。它们形成了所谓的泡利旋量（Pauli spinor）。电子的自旋等于 $\hbar/2$，也就是说它等于半整数。如果把普朗克常量取为零，电子的自旋也等于零。因此自旋是量子效应，它没有经典对应。

一个电子可以由两个矢量来描述：一个描述动量，一个描述自旋。如果我们考虑处于静止状态的电子，它当然不会有动量，但自旋的取向既可以朝上也可以朝下。自旋的取向朝上和朝下所对应的自

旋波函数分别由

$$\begin{pmatrix} \frac{1}{2} \\ +\frac{1}{2} \end{pmatrix} \text{和} \begin{pmatrix} \frac{1}{2} \\ -\frac{1}{2} \end{pmatrix}$$

给出，其中上面的 1/2 代表自旋的绝对值，而下面的 ±1/2 表示自旋在 z 轴方向上的第三分量。

哈勒尔：应该提到的是，一个任意自旋态通常由一个线性组合来描述，即由表达式

$$a\begin{pmatrix} \frac{1}{2} \\ +\frac{1}{2} \end{pmatrix} + b\begin{pmatrix} \frac{1}{2} \\ -\frac{1}{2} \end{pmatrix}$$

描述，其中 a 和 b 是复数，满足归一化条件 $|a|^2+|b|^2=1$。自旋只有一定的概率 p 朝上，朝下的概率为 $1-p$。如果 $a=b=1/\sqrt{2}$，那么自旋朝上的概率为 50%，朝下的概率也是 50%。

图 6.3　自旋朝上的电子。

牛顿：量子力学是个奇特的理论——什么都不确定，存在的只是概率。电子的自旋有一半的时间是朝上的，还有一半的时间是朝下的。

海森伯：在微观物理学中，我们的世界是不确定的。我们使用经典物理学的概念来描述微观物理学，令人惊奇的是这样做是可以的，但我们不得不接受的妥协就是由我的不确定关系所支配的不确定性。

费恩曼：施特恩和格拉赫的实验表明，电子具有某种内禀角动量（即自旋），而这就意味着电子肯定具有磁矩。电子磁矩是由古德斯密特和乌伦贝克在 1925 年引入的，他们用它来描述施特恩和格拉赫

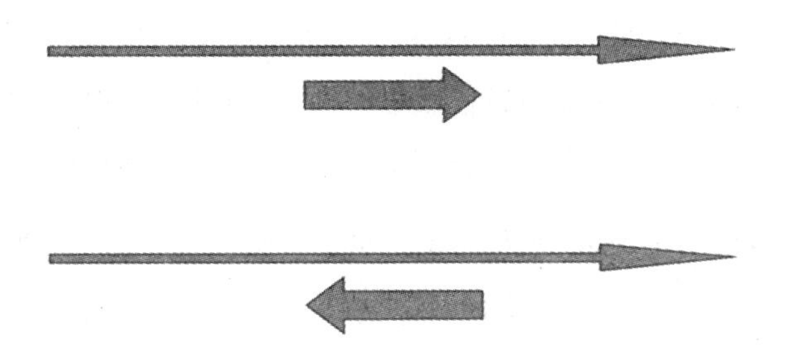

图 6.4　电子可由一个箭头描述它的动量，再由另一个箭头描述它的自旋。如果电子的动量和自旋指向同一个方向，它就是右旋电子；如果电子的自旋和动量的方向彼此相反，它就是左旋电子。

的实验结果。银原子束在磁场中的分裂是由于这种磁矩所造成的。

电子的自旋对于原子物理学来说也很重要。我们再次考虑氢原子，它的电子和质子都有确定的自旋。这两个自旋也许指向同一方向，也许它们的方向相反。

牛顿：可这些都是相当特殊的情形，在一般情况下自旋可以指向任意方向。比方说，电子的自旋处在某一个方向上，而质子的自旋处在与该方向呈 37° 角的另外一个方向上。

海森伯：没错，您说得对。但是当自旋指向某个方向时，人们总可以把它写成以下两种可能性的叠加：自旋朝上和自旋朝下。在量子物理学中，考虑我所提到的这两种可能性就足够了。

牛顿：好吧。那么我不得不只考虑两种可能性：平行自旋和反平行自旋。粒子的能量会怎样呢？它依赖自旋吗？

费恩曼：是的，自旋的行为就好像小磁铁，它们在平行情况下的能量比在反平行情况下的能量大一点。然而，这个能量差很微小，原子物理学家称之为超精细分裂（hyperfine splitting）。

哈勒尔：我想提及的是，这些超精细跃迁会产生一类特殊的光，其波长大约为21厘米。这不是普通的光，而是微波电磁辐射。这种辐射对于射电天文学家来说很重要。如下所述，你们可以看到它的重要性。在我们宇宙中，最常见的元素是氢。不仅恒星包含很大一部分氢元素，宇宙中的巨大气体云也是如此。人们无法直接观测这些气体云，但是利用射电望远镜可以看到它们，因为氢云发射波长为21厘米的无线电波（原因在于氢云中的原子会频繁地发生超精细跃迁）。这种波长为21厘米的辐射已经为我们提供了很多关于宇宙的有趣信息。

海森伯：我们考虑另一类原子——氦原子。这种原子的原子核是由两个质子（proton）组成的，质子和质子之间的强相互作用力把它们结合在一起。然而，只有当原子核中还存在两个中子（neutron）时，这种相互作用力才足够强。没有中子的话，质子和质子之间强烈的电磁排斥不容许把两个质子绑定在一个原子核中。因此氦原子核具有ppnn的结构。

如果忽略原子核的运动，我们可以写出两个电子的薛定谔方程，以及由两个电子的静电排斥所给出的贡献。倘若我们忽略这一排斥力的贡献，氦原子的波函数则由两个电子的波函数组成，用量子数n、l和m来描述（两个电子的量子数可以不同）。

首先考虑基态。两个电子相应的量子数为$n=1$，$l=0$和$m=0$，它们的自旋是反平行的。我们随后会看到，这种性质与泡利不相容原理有关系。我所描述的氦原子叫做仲氦，而且我们可以计算它的结合能。仲氦的结合能大约是氢原子结合能的8倍。$8=2\times4$——因子4出自如下事实：核电荷比质子的电荷大2倍，而结合能与核电荷的平方有关；因子2来自2个电子。氢原子的结合能为13.6电子伏，所以仲氦的结合能等于8×13.6电子伏$=108.8$电子伏。人们在实验中发现仲氦原子的结合能只有 78 电子伏。 它之所以比较小，是因为我们在得到 108.8 电子伏时忽略了两个电子之间的静电排斥。除了仲氦以外，还存在正氦，它的两个电子的自旋是平行的，因此自旋波函数是对称的。

牛顿:薛定谔方程是一个完全不依赖于自旋的方程。 倘若我考虑一个具有自旋的粒子，就会出现这样的问题：它的自旋是否也由同一个薛定谔方程来描述，抑或是由另一个方程来描述?

海森伯:牛顿先生，的确存在另一个方程。 这个方程是由另一位英国人狄拉克在 1927 年发现的。 这个方程就是著名的狄拉克方程。我们不久就会考虑狄拉克方程，但不是现在，因为午饭的时间到了!

爱因斯坦:今天我们不去餐馆了，改去我的花园。 我已经买好了肉，我们可以吃一顿烧烤野餐。

第七章　力与粒子

午饭后，这几位朋友穿过森林散步了两个小时。当他们回到爱因斯坦的房子时，天色已晚。他们喝着咖啡休息了一会儿之后，讨论就开始了。

海森伯：在经典物理学中，我们有物质，例如一块铁；而且我们有力，比方说电力和磁力。但在量子物理学中则呈现出一派新气象，因为事实表明力是和粒子有关系的。我在上世纪30年代和泡利一起研究了这个新特征。我料想牛顿先生您会感到惊讶——电力，或者更一般而言，电磁力，是由交换传递力的粒子产生的，在眼下的情况中这种粒子就是光子，即组成光的粒子。这些粒子在物质粒子之间飞来飞去，从而产生了力。

牛顿：对我而言，这种现象听起来很有趣。它也许意味着，我们最终只有物质，只有粒子，而没有特殊的力。如此说来，世界就变得更简单了。我们有组成物质的粒子和传递力的粒子，且两者都是独立存在的粒子。

海森伯：是的，都只和物质有关。让我来解释一下在量子物理学中力是怎样产生的。首先，我们考虑经典物理学中的一个例子。我们在湖面上乘坐两条船，它们彼此靠得很近。一条船上的人向另一条船上的人投去一个球。第二个人接到了球，且获得了一个推力，然后他再将球扔回给第一个人；如此这般，其最终结果就是这两条船彼此远离对方，犹如它们之间存在一种力。电磁力就是以这种类似的方式产生的，只要我们把船换成电子，并把球换成光子。

图 7.1　电磁力是由交换光子而产生的。

牛顿：我理解这个例子，但在我看来，似乎我们通过球的交换只能产生排斥力。吸引力是怎样产生的呢？

海森伯：的确是这样，来回地扔球将产生排斥力。我不知道在这种情况下怎样得到吸引力。不过我们不应该对这个经典物理学的例子太当真。在量子理论中，力是由交换传递力的粒子而产生的。这是一种量子现象，在经典物理学中没有可与之类比的现象。

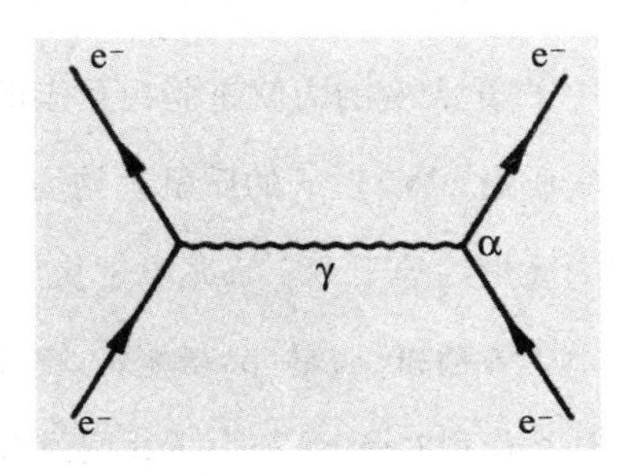

图 7.2　两个电子之间的电排斥力的费恩曼图。

费恩曼:我引进了一些特别的图，比方说你们在这里看到的这张图，来描述这样的量子过程。这些图也可以用来计算这些过程。这是两个入射电子和所交换的光子。光子的交换导致了排斥力。如果选取一个电子和一个正电子，我们得到的就是吸引力。

在我们的宇宙中，所有的力都可以用粒子的交换来描述。光子产生的是电磁力。夸克（即核子的组分粒子）之间的强相互作用力也是由粒子的交换而产生的，这种粒子叫做胶子，我们在晚些时候会更详细地讨论它们。弱相互作用也是由介质粒子产生的，这种粒子就是弱玻色子，即 $W^{\pm}$ 玻色子和 Z^0 玻色子。有质量物体之间的引力可能是来自引力子的交换，但爱因斯坦也许并不喜欢这种说法。

我还想提一点别的事情。产生电磁力的光子没有确定的质量——它们的质量是变化的。自由光子，即可见光的光子，没有质量；它们和引力子一样，都是无质量的。相互交换的粒子所具有的质量会依照环境的不同而变化。这种质量通常是负的。这些粒子不是自由粒子——它们被称做虚粒子（virtual particle），只存活很短的时间。如果它们的质量很大，它们的寿命就很短。虚粒子的概念是在上世纪30年代由海森伯先生您和泡利一起提出来的。

弱相互作用是通过交换 $W^{\pm}$ 粒子和 Z^0 粒子而产生的，例如引发中子 β 衰变的力就是弱相互作用力。$W^{\pm}$ 粒子和 Z^0 粒子具有很大的实质量，$W^{\pm}$ 粒子的质量大约为8万兆电子伏（80 GeV），而 Z^0 粒子的质量约等于9.1万兆电子伏（91 GeV）。

牛顿:什么是 β 衰变？它和力有联系吗？$W^{\pm}$ 粒子在其中起了什么作用？到目前为止我们只考虑了力，还没有考虑衰变。

费恩曼:β 衰变就是中子的衰变。中子不像质子，它是不稳定的。中子在产生之后大约15分钟就会衰变。一个中子（n）衰变成

一个质子 (p) 、一个电子 (e^-) 和一个中微子 (ν_e)，或者更严格地说，是一个反中微子 ($\overline{\nu_e}$)：

$$n \rightarrow p + e^- + \overline{\nu_e}.$$

中微子是电中性粒子，是电子的亲属。电子和中微子统称为轻子 (lepton)。中子的衰变是弱相互作用的结果，是通过交换一个虚 W^- 玻色子而引起的。

牛顿:为什么中子会衰变，而质子却不会?

费恩曼:这很容易理解。中子具有比质子质量略微大一点的质量——两者的质量差相当小，仅仅稍大于质子质量的0.1%。直到今天，为什么中子质量大于质子质量仍旧是个谜。然而，在一个质子比中子重的世界里，我们将无法存活，因为那样的话质子将会衰变成一个中子，这样就不会存在氢原子了。

牛顿:因此我们的存在依赖于这个微小的质量差。可是中子的衰变很特别：一个粒子变成了三个粒子。在中子的内部含有电子和反中微子吗?

费恩曼:不，它们是在衰变过程中产生的。中子的质量大于质子的质量，因此依照爱因斯坦的质能关系，有可能产生新粒子。其细节长期以来不为人知，但现在我们知道中子衰变成一个质子和一个虚的带负电荷的 W^- 玻色子。W^- 玻色子具有很大的质量，所以它只能作为一个虚粒子而产生出来，并随即转变成为一个电子和一个反中微子。

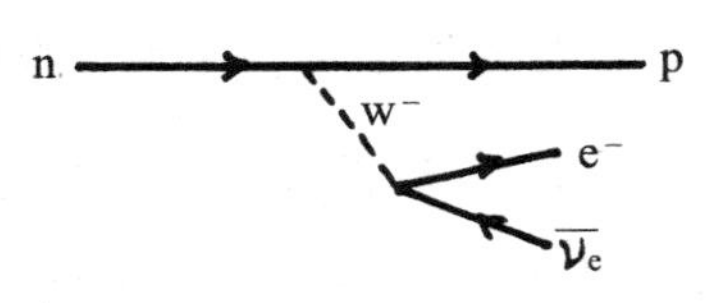

图7.3 中子衰变成质子、电子和反中微子。

海森伯:人们对假想的 $W^{\pm}$ 粒子的质量知道多少呢? 你提到了它们的质量，但你是怎么知道的呢? $W^{\pm}$ 粒子也许并不存在。

哈勒尔:不，它们确实存在。 $W^{\pm}$ 玻色子是1983年在欧洲核子研究中心发现的。 在上世纪80年代初，欧洲核子研究中心启动了一个新的加速器，能够把质子和反质子加速到很高的能量然后使它们对撞。 Z^0 玻色子首先在1983年被发现，随后不久 $W^{\pm}$ 玻色子也被发现了。 观测 Z^0 玻色子相对容易些，因为它可以衰变成一个 μ 子和它的反粒子，或者衰变成一个电子和一个正电子。 它的质量大约为9.1万兆电子伏。 而 $W^{\pm}$ 玻色子经常会衰变成一个带电轻子和一个中微子，但人们无法观测到中微子，因此也就不太容易观测到 $W^{\pm}$ 玻色子。 但是在欧洲核子研究中心，实验物理学家们成功地观测到了这种粒子。 他们通过测量一个带电轻子和大量丢失的能量而发现了 $W^{\pm}$ 玻色子，其质量大约为8万兆电子伏。 $W^{\pm}$ 玻色子是最先由理论物理学家在上世纪50年代设想出来的，但人们却花了超过30年的时间才发现它们。

海森伯:我思考 $W^{\pm}$ 玻色子时，脑子里想到的是质量在几千兆电子伏量级的粒子，不会超过1万兆电子伏。 这些质量很大的粒子是如何产生的?

哈勒尔:这是一个很有难度的问题，我无法给出一个不容置疑的回答。 布鲁塞尔的布劳特 (Robert Brout) 和恩格勒 (François Englert) 以及爱丁堡的希格斯 (Peter Higgs) 在1964年提出了一个理论模型，叫做希格斯机制。 在这个模型中，质量是通过电子和中微子相互交换的弱同位旋对称性的破缺而自发产生的。 如果这个想法是对的，在我们的世界中就一定存在一种标量粒子，它通常被称做希格斯粒子 (Higgs particle)，但我们无法算出它的质量。 人们在美国费米实验室的万亿电子伏加速器 (Tevatron) 上寻找希格斯粒子，但没有成功。 欧洲核子研究中心新启动的加速器，即大型强子对撞机

（LHC），也许能够检验这个模型。寻找希格斯粒子的工作已经在大型强子对撞机上开始了，但迄今为止仍然一无所获。

海森伯：这种标量粒子，将是在我们的世界中所看到的第一个标量基本粒子。

哈勃尔：的确如此，到目前为止我们还没有发现任何标量基本粒子。1968年，我作为一个年轻的博士研究生，在慕尼黑的马克斯·普朗克研究所学习。当时我们定期举办了关于弱相互作用的讨论会，而我必须做一个关于 $W^{\pm}$ 玻色子的报告。我在报告中特别提到了由格拉肖提出的一个模型，在这个模型中 $W^{\pm}$ 玻色子的质量大于5万兆电子伏。温伯格（Steven Weinberg）在1967年考虑了这个理论，并仿效希格斯等人所提出的机制，讨论了通过对称性自发破缺引入质量的可能性。萨拉姆（Abdus Salam）则独立地得到了与温伯格的理论相同的理论。

讨论会的参加者们不相信有这么大质量值的粒子。不过我还记得我们之间就温伯格模型有过一次交谈，而您认为这个模型很有趣。十年之后，事实表明这个理论可能很接近真理，格拉肖、温伯格和萨拉姆在1979年因此获得了诺贝尔奖。

海森伯：是的，这件事我记得很清楚。在你的报告中，我第一次听说了这个给予 $W^{\pm}$ 玻色子以很大质量的理论，我当时觉得它很有趣。

牛顿：你提到引力来自于引力子的交换。在我们的世界中存在引力子吗？

哈勃尔：不知道。迄今为止没有人观测到引力子，而我本人确实怀疑引力子是否存在。爱因斯坦先生，您提出了广义相对论。在这个理论中引力不是一种力，而是时空弯曲的结果。在这种情况下不会存在引力子，因为我无法想象时空的弯曲是由粒子的交换产生的。直到今天，还没有人能够把引力理论和量子理论统一起来。爱因斯坦先生，您应该研究一下这个问题。

爱因斯坦：我不相信引力子的存在。在我的理论中，引力就像你说的那样，是从时空的弯曲得出的，而这样的效应无法用诸如引力子等粒子来描述。

哈勒尔：也许您是对的。如今我们谈起粒子物理学，都离不开标准模型。在这个理论中，存在一些物质粒子，包括轻子（譬如电子）和构成原子核的夸克。这些粒子的自旋都等于1/2。在物质粒子之间，有交换传递力的粒子，从而产生各种力。对于电磁力，传递力的粒子是光子；对于弱相互作用力，传递力的粒子是$W^{\pm}$玻色子和Z^0玻色子；对于强相互作用力，传递力的粒子是胶子。对于那些传递力的粒子，它们的自旋等于1。引力子很特殊，它如果存在，其自旋必须等于2。

牛顿：现在我来做个总结：粒子既构成物质，也构成力。我喜欢这个绘景，因为世界因此变得更简单了。假如物质粒子和传递力的粒子具有相同的自旋，世界还会更简单一些。诸如电子等物质粒子的自旋等于1/2，而诸如光子等传递力的粒子的自旋却等于1——这很奇怪。

费恩曼：与我们的真实世界相比，所有粒子都具有相同自旋的世界将会有更少的结构。世界的复杂性与自旋有关，也和存在四种不同相互作用力的事实有关：引力、电磁力、弱（相互作用）力和强（相互作用）力。

海森伯：最近我在一本书中了解到，人们正在试图利用欧洲核子研究中心的新的大型强子对撞机去发现一种新的相互作用。大家认为这种相互作用可以产生粒子的质量。毫无疑问这是一种新的力。到目前为止，有什么消息吗?

哈勒尔:没错，人们建造大型强子对撞机的主要目的就是发现这种与希格斯机制有关的新相互作用力。$W^{\pm}$ 玻色子和 Z^0 玻色子的质量是由一种标量粒子产生的，即我们先前提到的希格斯粒子。这种标量粒子与一种标量场有关，后者既与自己相互作用，也和别的粒子相互作用。标量场的自相互作用会造成对称性破缺——标量场在真空中获得一个不等于零的值，叫做真空期望值（vacuum expectation value）。我们可以通过这种方式引进一个能量标度。虽然我们无法算出该能标，但可以把它同描述中子衰变的费米常量联系在一起。我们发现真空期望值的数值为 24.6 万兆电子伏（即 246 GeV）*。于是，我们就可以计算出 $W^{\pm}$ 玻色子和 Z^0 玻色子的质量。

牛顿:为什么光子不像 $W^{\pm}$ 玻色子那样也获得质量呢?

哈勒尔:可以很容易地使光子也获得质量。不过理论是以使光子始终没有质量这样一种方式构造的。我们还不清楚这种引进质量的机制是否真的正确，而我本人心怀疑虑。不过，不久来自大型强子对撞机的实验数据就会告诉我们事实真相。

牛顿:我现在想要知道更多有关原子核内部强相互作用的信息。关于强相互作用，已经知道的性质是什么?

海森伯:首先，我想说原子核是由核子组成的，核子包括质子和中子。只有氢元素的原子核仅包含一个质子。质子和中子大约比电子重 2000 倍。

如果两个核子彼此非常接近，强力就会把它们束缚在一起。强

---

* 德文版与英文版的数值在此处与后文第 138 页均有误。——译者

力是以这样一种方式使核子结合在一起的：一个原子核包含一定数目的质子和差不多相同数目的中子。不存在由 20 个质子和仅仅 3 个中子组成的原子核。2 个质子和 2 个中子结合在一起形成氦原子的原子核，即 α 粒子。这是一种非常稳定的组合。

当中子在 1932 年被发现的时候，我很想知道为什么质子和中子的质量几乎相等，但它们的电荷却不相同。我当时建议：就强相互作用而言，这两种粒子是完全相同的。而且我发明了一种新的对称性，我称之为同位旋对称性（isospin symmetry）。这种对称性描述的是质子和中子的互换。强相互作用遵守同位旋对称性，但电磁相互作用则不然。同位旋对称性是人们在物理学中所关注的第一个内禀对称性，它与空间和时间均没有关系。

原子核的电荷是由原子核内部的质子数目给定的，但中子的数目可以变化。因此对某种化学元素而言，会存在不同的同位素。比方说，氖元素的原子总是含有 10 个质子，可是存在原子核中含有 10 个、11 个或者 12 个中子的氖原子。

有些同位素是不稳定的，在某个时间后会衰变。假如一个原子核拥有与质子的数目相比太多或者太少的中子，那么它是不稳定的。拥有太多中子的原子核会放射出电子和反电子型中微子。一个中子转变成质子，并放射出一个电子和一个反电子型中微子，因此原子核的电荷会增加一个单位。拥有太少中子的原子核则会放射出一个正电子（即电子的反粒子）和一个电子型中微子，这时质子转化为中子，原子核的电荷减少一个单位。这些反应叫做 β 衰变，是由弱相互作用引起的。

除了 β 衰变，原子核还存在 α 衰变。在这种情况下，原子核会放射出一个 α 粒子。因为 α 粒子是由 2 个质子和 2 个中子组成的，

原子核的电荷在 α 衰变过程中会减少 2 个单位。比方说，铀原子核通常含有 238 个核子，放射出一个 α 粒子之后，还剩下 234 个核子，它们便形成钍元素的原子核。

氢元素同样拥有好几种同位素。由 1 个质子和 1 个中子组成的原子核叫做氘核。由这种原子核构成的原子就是氘原子，即重氢。如果原子核包含 1 个质子和 2 个中子，就叫做氚核，即氚元素的原子核。氦原子核在正常情况下含有 2 个质子和 2 个中子。它有时只包含 1 个中子，这种元素叫做氦 3。

哈勒尔：到目前为止，我们已经讨论了原子核的衰变。现在我想改变主题，讨论一下相反的情形，即原子核的聚变。两个轻的原子核可以结合成一个重的原子核，并释放出能量。我们依然可以利用爱因斯坦的公式来计算能量——在聚变过程中质量转变为能量。

爱因斯坦：我没有听明白。两个原子核都具有正电荷，它们相互排斥，怎么可能结合在一起呢?

哈勒尔：没错，倘若两个原子核以相当高的速度碰撞，这种聚变就能够发生。两个原子核彼此非常接近，强相互作用会把它们结合在一起。拿氘核和氚核来举例说明。如果它们碰撞的话，就会产生一个 α 粒子并放射出一个高能中子。

核聚变在太阳内部发生。从太阳释放出来的能量是由核聚变产生的，而我们在地球上则得益于太阳能。没有核聚变，我们所熟知的生命将不复存在。大约半个世纪以来，物理学家们一直试图在地球上做类似的事情，试图制造出一个聚变反应堆来产生能量。氢弹利用的就是核聚变，但人们无法用炸弹来生产有用的能量。聚变反应堆目前仍旧只是一种愿望，而并非现实。

在法国南部，已经建成了一个叫做 ITER 的新试验反应堆，人们期待它能够首次产生一些能量。如果聚变反应堆确实奏效，地球上的能源问题就将得以解决。核聚变的基本原料氘和氚都可以在地球上获得，海水中就含有大约0.015%的重水，其中就含有氘。氚可以很容易地通过锂和中子的反应而生产出来。在地球上就能找到锂，其储量相当大。核聚变的优点在于它不会产生很多放射性废料。

爱因斯坦：我不相信可以通过核聚变来产生能量，因为在过去的半个世纪中物理学家们一直试图这样做，但却从来没有取得成功。不过我想咱们还是走着瞧吧。

哈勒尔：现在结束今天的讨论吧。我们今晚没有时间讨论强相互作用的细节，这种相互作用与夸克（即核子的组分）有直接关系。但我们不久将会更加详细地讨论夸克。

眼下我们必须决定今晚到哪儿去吃饭。我建议咱们去附近一家餐馆，卡普特的“廷臣私邸”。

他们不久之后走到湖边，沿着湖岸继续前行，直至来到村庄中心的大餐馆。

第八章　元素周期表

第二天上午，外面在下雨，因此物理学家们聚集在客厅的壁炉前。爱因斯坦拿来一些木柴，他们生起了火。

海森伯：化学家们知道，化学元素可以用门捷列夫（1834—1907）引入的周期表来分类。门捷列夫对原子物理学了解得不多，但却提出了他的元素周期表，成为化学的一个重大成就。门捷列夫引入他的元素周期表时，对1869年前后已知的63种化学元素进行了分类。他发现化学性质相似的元素具有相当不同的原子质量，而那些质量相当的元素却拥有非常不一样的化学性质。比方说，稀有气体氖元素含有10个电子，而紧挨着它的含有11个电子的钠元素

图8.1　门捷列夫（1834—1907）。

却是一种化学性质非常活泼的元素。门捷列夫发现可以把元素按照不同的族进行归类，他以这种方式通过推理得出了他的元素周期表。

我们能够从量子理论推导出元素周期表吗？玻尔研究了这个问题，他的做法是研究原子的电子壳层的填充。如果我们从一个原子转到下一个原子，核电荷就会增加一个单位，那么相应地必须把一个电子添加到壳层上。但是玻尔无法理解为什么在最低能量的壳层上只存在两个电子。

1925年，泡利特别研究了碱元素的原子。只有当他提出了一个后来被称做泡利不相容原理的新原理时，他才能够解释这些元素。他因此获得了1945年的诺贝尔奖。泡利不相容原理对于解释元素周期表至关重要。

玻尔在1912年注意到一个奇怪的现象：原子中的电子并不都处在能量的最低态。假如所有的电子都处于最低能态的话，所有的元素就会拥有相似的化学性质。泡利不相容原理不允许电子全都处在最低能态，这个原理对所有半整数自旋的粒子起作用，例如质子或者电子。该原理规定：具有半整数自旋的两个粒子绝不能处于相同的态。在一个原子中，如果不考虑自旋的话，两个电子可以处于相同的状态；但另一方面，两个电子的自旋必须彼此相反。

泡利不相容原理也适用于轻的元素。氢原子只含有一个电子，因此与泡利不相容原理无关。紧挨着氢元素的是氦元素，它的原子拥有两个处在壳层上的电子。由于自旋的原因，最低能量的壳层只能拥有两个电子。所以氦原子中两个电子的自旋是彼此相反的。此时该壳层已经填满了，不允许有更多的电子。这就解释了为什么氦是稀有气体，而且不与其他元素结合在一起形成分子。接下来的元素是锂，它的原子含有三个电子，但是由于泡利不相容原理，第三个电子不能处在最低能量的壳层上——它处于第二壳层。

费恩曼：泡利有一些奇怪的想法，不过它们是正确的。为什么泡利不相容原理与我们的世界有关，只有天堂里的上帝知道。它是一个奇特的原理。自旋要求粒子不能处在相同的态。假如电子是没有自旋的粒子，所有的电子都将处在最低能量的壳层，那么相应的原子物理学就很不一样了。

海森伯：没错，那样的话，原子物理学就面目全非了。不过让我提醒你一下，自旋并不是电子一个可以去除的附加性质。具有自旋的粒子由一个与薛定谔方程相似的方程来描述，它叫做狄拉克方程，是由剑桥大学的狄拉克在1928年提出的。再后来有人证明，只有当粒子的自旋服从泡利不相容原理时，狄拉克方程才与爱因斯坦的相对论相一致。这个证明很费力，我们就不在这里讨论它了。

牛顿：好吧，那就让我们接受这一点。泡利不相容原理似乎导致了这样一个事实：拥有许多电子的原子，其结构是相当复杂的。在一个原子的最低能态，其波函数为s波，只能容纳两个自旋相反的电子。下一个电子不得不处于p波，如此等等。

海森伯：没错，如此这般，原子的基态其实是相当复杂的系统。假如没有泡利不相容原理的话，我们的世界就会很简单：所有的电子都以s波的形式处在基态，而且所有的元素都具有近乎相同的性质。整个世界就会相当单调而乏味，但却没有人会活着而去记录下这一切。

举个例子，泡利不相容原理解释了为什么具有10个电子的稀有气体氖与具有11个电子的钠很不一样。钠原子有一个单独的电子在外层，由于这个原因钠与氖不同，它在化学性质方面很活泼。这两种元素的化学性质变化得很突然。钠原子的外层电子可以很容易地被移到另一个原子（比如氯原子）那里去，因而钠原子和氯原子会束缚在一起，形成食盐分子 NaCl。

费恩曼：如果你知道了电子的数目，你就能够预言该元素的基本性质。比方说，在常温下银是固体而氮是气体。我也提一下元素钚。钚在地球上并不存在，因为它会衰变，半衰期约为 40 000 年；但是它可以在核反应中产生。大家知道钚原子拥有 94 个电子，基于这方面的知识，物理学家能够预言出钚是棕红色的金属。1945 年，1 立方毫米的钚在美国洛斯阿拉莫斯国家实验室被制造了出来。果不其然，钚的确是棕红色的金属。

海森伯：现在我来描述一下原子的特征，它们对于元素周期表而言是很重要的。最简单的原子是氢原子，其单个电子处在 1s 态。下一个原子是氦原子，它有 2 个电子处于壳层之上。这 2 个电子都处于 1s 态，但它们的结合能远大于氢原子的情形，因为氦原子的电场更强，原因在于它的原子核中包含 2 个质子。氦原子拥有一个完整的、填充了 2 个电子的壳层，因此氦的化学性质呈中性——它是一种稀有气体。原子核中的 2 个中子是形成一个相当稳定的原子核所必需的。氦的稀有同位素是氦 3，其原子核含有 2 个质子，但只含有 1 个中子。

下一种元素是锂，拥有 3 个电子，第三个电子处于 2s 态，因为根据泡利不相容原理，1s 态只能容纳 2 个电子。紧接着的是铍元素，它的原子拥有 4 个电子，其中 2 个处在 2s 态。接下来的元素依次是硼（B）、碳（C）、氮（N）、氧（O）、氟（F）和氖（Ne）。氖原子拥有 10 个电子，2 个处于 1s 态，2 个处于 2s 态，6 个处于 2p 态。具有量子数 2 的电子数目等于 8，第二壳层被完全填满，因此氖和氦一样，是稀有气体。

与氖紧邻的是钠，它的原子含有 1 个处于 3s 态的电子。 这个电子启动了一个新壳层，这意味着钠的化学性质非常活泼。 于是乎如此这般，直到我们又得到一个完全被填满的壳层。 当一个原子拥有 18 个电子时，这个壳层会被填满。 这就是氩元素（Ar），它也是稀有气体。

如果一个原子拥有 36 个电子，我们就会得到下一个完整的壳层，这就是氪元素（Kr）。 要是一个原子拥有 54 个电子，我们则会得到接下来的完整壳层，即氙元素（Xe），也是稀有气体。 对应于一个原子拥有 86 个电子的情形，人们得到了最后一个已知的完整壳层，即稀有气体氡（Rn）。 它具有放射性，半衰期仅为 3.8 天左右。

在氡之后的元素中，最广为人知的元素是铀（U）。 它含有 92 个电子和 92 个质子，而中子的数目可以在 141 与 148 之间变化。 地球上发现的铀通常含有 146 个中子，被称做铀 238。 元素铀 238 不稳定，它会衰变成钍（Th），并放射出一个 α 粒子。 不过它的半衰期很长，大约 45 亿年。

牛顿：我感到惊讶的是，对于氦和碳这样的轻元素，中子的数目

1a	2a	3b	4b	5b	6b	7b	8			1b	2b	3a	4a	5a	6a	7a	0
H 1																	He 2
Li 3	Be 4											B 5	C 6	N 7	O 8	F 9	Ne 10
Na 11	Mg 12											Al 13	Si 14	P 15	S 16	Cl 17	Ar 18
K 19	Ca 20	Sc 21	Ti 22	V 23	Cr 24	Mn 25	Fe 26	Co 27	Ni 28	Cu 29	Zn 30	Ga 31	Ge 32	As 33	Se 34	Br 35	Kr 36
Rb 37	Sr 38	Y 39	Zr 40	Nb 41	Mo 42	Tc 43	Ru 44	Rh 45	Pd 46	Ag 47	Cd 48	In 49	Sn 50	Sb 51	Te 52	I 53	Xe 54
Cs 55	Ba 56	La 57	Hf 72	Ta 73	W 74	Re 75	Os 76	Ir 77	Pt 78	Au 79	Hg 80	Tl 81	Pb 82	Bi 83	Po 84	At 85	Rn 86
Fr 87	Ra 88	Ac 89	Rf 104	Db 105	Sg 106	Bh 107	Hs 108	Mt 109	Uun 110	Uuu 111	Uub 112						
				Ce 58	Pr 59	Nd 60	Pm 61	Sm 62	Eu 63	Gd 64	Tb 65	Dy 66	Ho 67	Er 68	Tm 69	Yb 70	Lu 71
				Th 90	Pa 91	U 92	Np 93	Pu 94	Am 95	Cm 96	Bk 97	Cf 98	Es 99	Fm 100	Md 101	No 102	Lr 103

图 8.2　元素周期表。

等于质子的数目；但这一点对于诸如金和铀这样的重元素却并不成立。铀原子拥有146个中子，可是它只含有92个质子。这种现象被搞明白了吗？

海森伯：这种现象与原子核的强相互作用力有关。仅由一些质子组成的原子核是不可能存在的，因为质子之间的电排斥力不容许它们形成一个原子核。在一个真实的原子核中，质子和中子之间的强相互作用把它们结合在一起。质子之间的强相互作用不够强，但有了中子在旁边，就不成问题了。对于轻元素而言，相同数目的中子和质子足以形成一个稳定的原子核。可是对于重元素来说，由于电排斥力更强，就需要更多的中子。一个拥有92个质子和92个中子的铀原子核不可能存在；但当它的中子数目等于146时，就没有问题了。

哈勒尔：总之，我们可以凭借量子力学来理解元素周期表。这是量子力学第一次为化学的发展做出了贡献。作为物理学家，我想说：化学是一种应用物理学。

海森伯：我同意你的意见——化学是物理学的一部分。我那些化学家同事不喜欢这样的说法。

哈勒尔：我觉得化学也是一门很有趣的学科。但毫无疑问，物理学对理解元素周期表做出了很多贡献。

我想提一件尤其对于爱因斯坦而言很有意思的事情。您在1925年考虑了多粒子系统的问题：如果它被冷却，会发生什么现象？粒子会失去它们的全部能量吗？这种多粒子系统仅仅对于一种特殊类型的粒子，即玻色子，才是可能的。

牛顿：什么是玻色子？

费恩曼：印度物理学家玻色（Satyendra Bose）在1924年指出：存在遵从对称性统计的粒子，比如光子；也存在遵从反对称性统计的粒子，例如电子。第一类粒子后来被称做玻色粒子或者玻色子（boson），第二类粒子被称做费米粒子或者费米子（fermion）。两个玻色子的波函数在粒子相互交换的情况下必须是对称的，而两个费米子的波函数必须是反对称的。费米子具有非整数自旋，例如1/2，3/2或者5/2，而玻色子则具有整数自旋，比如0，1或者2。我们这个稳定的世界是仅由费米子和玻色子构成的。

牛顿：另一个问题：大多数原子并不是作为孤立系统而存在的，而是结合在一起形成分子。比方说，一个氢原子通常和另一个氢原子结合在一起形成一个氢分子。两个原子的结合是如何进行的呢？既然壳层中的电子彼此排斥，我无法理解为什么会发生原子与原子的结合。

费恩曼：原子的量子力学非常简单，但分子并不是简单系统。比如生物化学所研究的大分子，就不能仅用薛定谔方程来理解。化学家已经发展出近似的方法用以描述这些分子，有时候很有效，有时候却不管用。

牛顿：我现在对这些大分子不感兴趣，我就对氢分子感兴趣。为什么两个原子会形成一个分子？氢原子是电中性的，因而氢分子的形成与静电吸引力无关。

费恩曼：我把这个问题简化，咱们考虑一个带正电荷的氢分子，它由两个质子和一个电子组成。两个质子相互排斥，而电子围绕着它们运动。人们可以计算这个系统的能量。两个质子之间的距离 r 保持不变，我们现在就来计算整个系统的能量，只要算出最低能级就足够了，该能量是距离 r 的函数。对于某一个距离，可以得到能量的最小值；当距离大约等于玻尔半径的1.5倍时，能量刚好取最小值。这与氢分子的情形十分相似，只是我们现在面临两个电子而不是一个电子，它们围绕着两个质子运动。

牛顿：假如两个质子在一起靠得很近，我们就会得到一个没有中子的氦原子。但是氢分子和氦原子属于不同的体系。

费恩曼：是的，不过两个体系之间不存在转换，因为两个质子相互排斥。要形成一个原子核，还需要两个中子——两个中子和两个质子之间的强相互作用才能够把四个核子粘合在一起，形成原子核。只靠两个质子构成一个原子核的事情不会发生。尽管如此，氢分子和氦原子还是很相似的。氦原子中存在两个质子和两个中子构成的核，而在它的壳层里面有两个电子。氢分子中存在两个分开一定距离的质子，而在它的壳层里面也含有两个电子。对于氦原子和氢分子而言，两个电子的波函数非常相似。

我谈几句关于自旋的看法。在氢分子中，两个电子的自旋是彼此相反的，就如同仲氦的情形。如果两个氢原子聚集在一起，只有在自旋彼此相反的情况下它们才能形成一个分子。假如两个原子的自旋方向是相同的，它们就会相互排斥，无法形成一个分子。

海森伯：原子之所以形成分子，是因为它们试图达到一个与稀有气体原子很类似的态。一个例子是食盐，NaCl 分子。氯原子从钠原子那里获取一个电子，实现了一个如同稀有气体氩那样的壳层结构。少了一个电子的钠原子具有和稀有气体氖一样的壳层结构。两个系统之间的静电力导致了分子的形成。人们可以按照类似的方式理解其他分子，比如水分子。

哈勒尔：现在到了午餐时间，我建议咱们去波茨坦吃午饭吧。

他们乘出租车来到波茨坦，走进哈勒尔熟悉的“去往历史的风车”餐馆。午饭之后，他们游览了波茨坦市中心和“无忧宫”，后者是普鲁士国王腓特烈二世的城堡。

第九章　狄拉克方程与反粒子

第二天上午，物理学家们又聚集在露台。海森伯为讨论起了个头。

海森伯：回到电子自旋的话题以及狄拉克所做的发现。狄拉克试图将爱因斯坦的相对论同量子力学结合起来。1928年，他得到一个有趣的方程，这个方程如今被称做狄拉克方程（Dirac equation）。

图9.1　狄拉克。

我解释一下狄拉克是如何推导出他那个方程的。他尝试着要找到薛定谔方程的相对论性版本。薛定谔方程的问题在于它是非相对论性的。在这个方程中，处理空间和时间是用不同的方式。举个例子，考虑一个自由粒子的薛定谔方程，其波函数的时间导数与空间导数相关联，后者由（$p^2/2m$）Ψ 给出。注意，动量 p 正比于波函数的空间导数。

狄拉克试图改变薛定谔方程，使得它与相对论一致。在薛定谔方程中出现的是关于空间的二阶导数，但关于时间的只是一阶导数，空间和时间是不一样的。把关于时间的一阶导数用二阶导数来替代，就得到了克莱因—戈尔登方程（Klein-Gordon equation）。这个方程有些问题，但我现在不想解释。

狄拉克有了一个不同的想法：他把关于空间的二阶导数用一阶导数来替代。

牛顿：我不明白。关于空间的一阶导数显示出一个特殊的方向，它是一个梯度，尤其它是一个矢量。二阶导数不是矢量，在薛定谔方程中它以三个关于空间的二阶导数之和的形式出现。

费恩曼：没错，您是对的。狄拉克避免了梯度的问题。他把四个导数（三个关于空间的和一个关于时间的）乘以特定的矩阵。这些矩阵如今被称做狄拉克矩阵。它们是 4×4 矩阵，且相应的对称化乘积具有特定的性质。狄拉克矩阵与三个泡利矩阵密切相关，但细节问题不应该现在讨论。由于狄拉克矩阵是 4×4 矩阵，因此波函数不再是简单的函数，而是由四个不同的函数组成。

这里给出四个狄拉克矩阵，其中指标 i 与空间方向有关，指标 0 表示时间：

$$\gamma^i = \begin{pmatrix} 0 & \sigma^i \\ -\sigma^i & 0 \end{pmatrix}, \quad \gamma^0 = \begin{pmatrix} 1 & 0 \\ 0 & -1 \end{pmatrix}.$$

牛顿：可是为什么会有四个波函数呢？我认为电子由于自旋的缘故，会有两个波函数。

海森伯：没错，两个分量描述自旋，另外两个分量也描述自旋，但却不是电子的自旋。狄拉克认识到，这两个分量描述的是电子的反粒子的自旋。电子的反粒子后来被称做正电子，它携带一个正电荷，并且具有和电子完全相同的质量。

狄拉克在 1928 年推导出他的方程时，并不确定反粒子是否真的存在。有一段时间他认为质子是电子的反粒子，但在这种情况下就会有质子质量不等于电子质量的问题。直到 1931 年，狄拉克才断定反粒子一定存在。

安德森（Carl David Anderson）是加州理工学院的物理学家，他当时正在帕萨迪纳从事宇宙线实验。1932 年，安德森在云室中发现了一个粒子的径迹，它看起来就像是一个电子的径迹，但却在磁场中被偏转到与电子相反的方向，仿佛是一个携带正电荷的电子。一个具有电子质量但却携带正电荷的新粒子被发现了，这一发现证实了狄拉克的预言。

哈勒尔：安德森在 1936 年获得了诺贝尔奖。他在做这个实验的

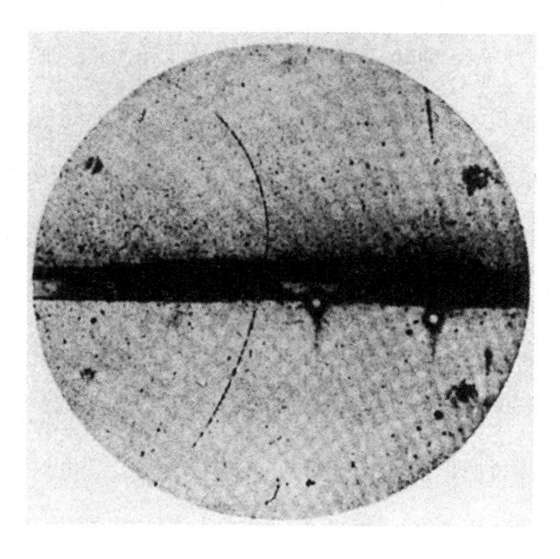

图 9.2　安德森云室中正电子的径迹。

图9.3 安德森。

时候，并不知道狄拉克的预言。如今我们知道每种粒子都有其反粒子。比方说，质子的反粒子是反质子，它携带一个负电荷。在有些情况下反粒子和粒子是一样的，例如光子的反粒子还是光子。粒子与反粒子之间的对称性叫做C（即电荷共轭变换）对称性，它是自然界的基本对称性之一，但并不是一种严格的对称性。我们以后将会讨论的弱相互作用就会破坏C对称性。

反质子是1955年在美国加州的伯克利被发现的。科学家们在那里建造了一台加速器，可以把质子加速到足够高的能量，从而产生出反质子。随后，反中子也被发现了。

牛顿：倘若对于每种粒子而言，都存在反粒子，那为什么这个世界在C变换下不是对称的呢？假如粒子与反粒子是完全对称的，那也就会存在反原子，即反物质的组分。可是反物质在哪里呢？

哈勃尔：人们一直在我们所处的宇宙中寻找反物质，但一无所获。似乎在我们的宇宙中只有物质，没有反物质。

海森伯：也许在极其遥远的地方存在着反星系，而且在我们的宇宙中也许存在着等量的物质与反物质。

哈勃尔：天体物理学家们一直在寻找反恒星。也许一颗反恒星有时会同一颗正常恒星相撞，而且物质与反物质的湮没（annihilation）会产生大量的能量，主要以高能光子的形式放射出来。这样的事件还没有被观测到。反星系也会有同样的情况发生。假如它们与正常星系相撞，同样会产生大量的能量。我们时常观测到星系的碰撞，但却没有看到这种能量释放出来。如今我们知道，反物质不会在我们宇宙中的任何一块地方大量存在。

牛顿：可是这样一来，我又有个问题。怎样解释C对称性呢？假设我们的宇宙是在大爆炸（Big Bang）中诞生的，在这种情况下，物质和反物质应该等量地产生出来，因而物质和反物质都应该存在于宇宙之中。

哈勒尔：粒子物理学家已经找到了这个问题的解决方案。他们假设粒子和反粒子之间的对称性轻微地破缺了。在大爆炸之后不久，宇宙中拥有等量的物质和反物质，但是微小的对称性破缺将开始起作用。这意味着：在大约每100亿（10^{10}）对粒子和反粒子中存在一个额外的粒子，它是由对称性破缺产生的。可是粒子和反粒子会湮没，额外的粒子找不到对应的反粒子相互湮没，它们就会存活下来并在后来形成原子和分子，即我们在今天的宇宙中所拥有的物质。因此很小的对称性破缺最终导致了粒子—反粒子对称性的巨大破坏。我们目前还不知道这种解释是否正确。

费恩曼：回到狄拉克方程。它是薛定谔方程的相对论性形式。量子力学与爱因斯坦的相对论结合在一起，从而得出了狄拉克方程，也得到了自旋。

哈勒尔：我想要补充的是，在粒子物理学中所有粒子都具有一定的自旋。存在自旋为0的标量粒子，也存在自旋为1/2，1或3/2的粒子，等等。

牛顿：我不知道还有自旋为3/2的粒子。这是些什么粒子呢？

哈勒尔：是的，存在自旋为3/2的粒子，但它们不稳定。比方说，超子 Ω^- 是一种很有名的自旋为 3/2 的粒子，它的质量大约是质子质量的 1.8 倍。它会衰变，比如衰变成一个自旋为 1/2 的重子 Ξ^- 和两个自旋为 0 的粒子（π^+ 和 π^-），后者被称做介子（meson）。$\pi^\pm$ 介子也不稳定，它们最终会衰变成电子或者正电子以及别的自旋为 1/2 的中性粒子，即所谓的中微子。

牛顿：这些中微子——它们也不稳定吗？

哈勒尔：不，中微子像电子一样，是很稳定的。它们是由泡利在 1930 年提出来的，当时原子核的 β 衰变存在一个问题。有些原子核在衰变过程中放射出一个电子，人们很容易测定衰变前原子核的质量以及衰变后电子与原子核的能量。人们利用爱因斯坦质能方程，能够检验该反应过程的能量是否守恒。可是，所测得的能量小于预期。电子的能量要比理论预期值小；而且它的能谱连续变化，这也与预期的离散能谱相反。玻尔曾建议在 β 衰变过程中放弃能量守恒定律。

牛顿：对我而言，这个建议听起来太疯狂了。一定存在别的途径来理解在 β 衰变中所观测到的效应。

哈勒尔：没错，这一途径被泡利找到了。他提出的想法是：在 β 衰变中还放射出另外一种中性粒子，这种粒子后来被称做中微子。泡利对他的中微子假说并不满意，原因在于他认为自己虚构了一个永远不可能被观测到的粒子。然而，他错了。

如果一个中微子与一个原子核发生碰撞，这个原子核常常会转变成别的原子核，而中微子则转化为电子。这种反应于 1955 年在实验中被观测到，该实验是由莱因斯（Frederick Reines）和科温（Clyde Cowan）完成的，他们利用了南卡罗来纳州的萨瓦纳河反应堆。这是一个很大的反应堆，制造后来用于原子弹的核材料。因而在泡利引入中微子之后，人们花了 25 年的时间才观测到它。

牛顿：中微子是古怪的鬼粒子，不过泡利挽救了能量守恒定律——他出了个好主意。你提到不稳定的介子，它们的自旋为0。如此说来，在我们的宇宙中所有的稳定粒子都拥有自旋。

哈勃尔：嗯，是这样。但有一个例外，我稍后会提到。具有半整数自旋（比如自旋1/2，自旋3/2）的粒子叫做费米子，是以意大利物理学家费米（Enrico Fermi）的姓氏命名的。费米在1937年获得了诺贝尔奖，同年移居美国。具有整数自旋（例如自旋0，自旋1）的粒子叫做玻色子。存在参与强相互作用的玻色子，它们被称做介子。具有半整数自旋且参与强相互作用的粒子叫做重子（baryon）。所以，质子和中子都是重子。

在我们的宇宙中，质子、电子和中微子都是稳定的粒子，它们的自旋都为1/2。其他所有的粒子都是不稳定的，唯有光子除外。光子无法衰变，因为它没有质量。电子也不能衰变，因为不存在带电且其质量小于电子质量的粒子。

爱因斯坦：你提到质子是稳定的，这样说或许有些问题。质子说不定会衰变，例如衰变成一个正电子和一个光子。

哈勃尔：没错，粒子物理学家已经发展出若干预言质子衰变的理论。人们已经建成了大型探测器来探测质子衰变。最大的探测器叫做神冈核子衰变实验探测器（Kamiokande）——它目前的升级版被称做超级神冈探测器（Super-Kamiokande）——位于日本富山县的南部，靠近神冈的小村庄。但迄今为止还没有发现任何质子衰变。目前认为质子寿命的极限是大于10^{32}年。

牛顿：对不起，我不明白你的意思。我最近获悉，天体物理学家认为我们的宇宙已经存在了大约140亿年。这也可以作为质子寿命的一个极限，可你提到的却是一个更大的极限。

图 9.4　日本的神冈核子衰变实验探测器。

费恩曼：牛顿先生，不要忘了质子是一个量子力学系统，这里考虑的是概率问题。比方说，中子的寿命大约为 15 分钟，这意味着中子平均可以存活 15 分钟。但也有一些中子会衰变得更快，例如 1 分钟之后就衰变掉。人们正在神冈寻找那些衰变得很快的质子。实验中所观测的并非单个质子，而是很多质子，大约 10^{31} 个。探测器是装有净化水的大水池，其中安装了大约 11 000 个光电倍增管，这些光电设备可以观测到从质子衰变过程中放射出来的光子。

哈勃尔：大型神冈探测器的建造是为了检验一些预言质子衰变的

特定理论。根据那些理论，质子的寿命应在 10^{31} 年与 10^{34} 年之间。该范围的较小取值部分已经被实验排除了。

牛顿：假如他们找到了一个衰变的质子，那将会是一个重大发现。我想了解更多有关那些预言质子衰变的理论。

爱因斯坦：没问题，但现在到了午饭时间。我建议咱们出去散步，穿过树林，来一次野餐。我去厨房把我们需要的东西打包带好。

第十章　电子和光子

过了一段时间，五位物理学家回到了爱因斯坦家的花园。

海森伯：今天咱们将讨论量子力学的发展，这与泡利以及我本人在1930年之后不久的工作有关。我们从狄拉克方程开始，力图理解电子和光子的相互作用。最后我们创立了量子电动力学，常简称为QED。费恩曼先生，你和施温格（Julian Schwinger）后来在更大程度上发展了这个理论。

首先，我想介绍一种在量子电动力学中使用得相当频繁的新粒子：虚粒子（virtual particle）。我的不确定关系描述了空间和动量的不确定性。但是能量和时间之间也存在不确定性，这种不确定关系可表示为：

$$\Delta E \times \Delta t \approx h,$$

它意味着你可以在很短的时间内获得很多能量：一种粒子可以很快转变成另一种粒子。比方说，一个光子可以变成一个电子—正电子对，而不久之后该电子—正电子对又变成一个光子。那些并非作为自由粒子而存在但可以在很短的时间段内出现的粒子，叫做虚粒子。

狄拉克方程像麦克斯韦方程组一样，是一个相对论性方程。泡利和我试图找到一种也和爱因斯坦的理论相一致的相互作用。最简单的相互作用就是电子和正电子同电磁势之间的相互作用。电场和磁场的强度可以由势导出，这种势是一个所谓的四维矢量，即一个通常的矢量加上一个与时间有关的第四分量。一个四维矢量拥有四个分量，这四个函数决定了描述电磁场的六个函数。

爱因斯坦：人们也可以考虑电子和电磁场强度之间的直接相互作用。势是一种奇怪的量，与场强不同，无法被测量。你和泡利为什么要考虑与势的相互作用呢？

海森伯：这个嘛，因为与势的相互作用简单些。我并不担心这个电磁势无法被测量的事实，毕竟通常用旋量 ψ 来描述的狄拉克场也是无法被测量的。我们也可以直接考虑场强和旋量 ψ 之间的相互作用，但我们当时试图构造一种简单的相互作用。结果表明，我们的相互作用至少对于电子而言很成功，但对于质子来说并不成功。

1930 年前后，实验物理学家测量了质子的磁矩。泡利过去常常拿这些实验开玩笑，他说质子是狄拉克粒子，因此它的磁矩是由狄拉克方程决定的，与电子的情形一样。中子没有电荷，泡利进而预言中子的磁矩也应该为零。

费恩曼：泡利完全错了。如今我们精确地知道了质子和中子的磁矩。质子的磁矩为 $\mu=2.793\,\mu_N$，这里 μ_N 是质量等于质子质量的狄拉克粒子的磁矩。因而质子磁矩的大小几乎是 μ_N 磁矩的 3 倍。此外，中子的磁矩不为零，而是 $\mu=-1.9131\,\mu_N$。

牛顿：质子和中子的结构并不是基本的，而是由夸克组成的，因此很显然它们不是基本的狄拉克粒子。它们的磁矩是很复杂的物理量，没有人会算。但我想夸克应该是基本的狄拉克粒子。

哈勒尔：嗯，我同意。质子和中子与电子不同，它们是由夸克组成的，具有内部结构。它们的磁矩依赖于波函数的细节，但没有人会计算那些细节。不过，夸克是基本的狄拉克粒子。

让我提一点别的事情。伟大的数学家外尔（Hermann Weyl）仔细地研究了海森伯和泡利所提出的电磁相互作用。他发现这种相互作用有一个很有趣的对称性，它与场的相位有关。如果我们将狄拉克场乘以一个复相位，那么其基本的方程不会改变。这样的相位旋转等价于数学上的一类叫做U（1）群的群元素。

爱因斯坦：可是我不得不在这儿以及很遥远的月球上把狄拉克场乘以相同的相位——这是相当奇怪的。我相信月球上的狄拉克场应该不依赖于地球这儿的场。

图 10.1　外尔（1885—1955）。他把电磁相互作用明确地表达成规范相互作用。他接受了普林斯顿高等研究院的职位，于 1933 年离开格丁根大学。

海森伯：外尔明白这一点，于是他采用了一种特殊的对称性。他在每一处都把狄拉克场乘以相位 $e^{i\lambda}$，其中相位参量 λ 依赖于空间和时间。在这种情况下运动方程不再成立，因为新的与 λ 的导数有关的项会出现在方程中。外尔的想法是，通过这个由 λ 的导数给出的项来改变电磁势，从而场和电磁势两者都发生了变化，于是狄拉克场的变化被电磁势的变化所抵消。这样一种相互作用的理论叫做规范理论（gauge theory）。

费恩曼：没错，而这种狄拉克场的相位与势之间的相互影响只有当存在相互作用时才有可能。如果没有相互作用，这种对称性就不再存在，因此这种电磁相互作用的理论具有一种新的规范对称性。您和泡利触及了正确的理论——相互作用并非以场强的方式，而是以势的方式进行的。

哈勒尔：如今我们知道这个理论是正确的理论。在规范理论中，量子理论和相对论被融为一体，而且场是量子化的。该规范理论叫做量子电动力学，即QED。

牛顿：量子化的理论是否自洽？

海森伯：泡利和我假设情况会是这样，但问题马上就出现了。我们运用了所谓的微扰理论，这种方法在量子力学中经常被使用。人们把相互作用当做对自由运动的一种微扰，因此可采用微扰展开。

举一个数学上的简单例子。函数 $1/(1-x)$ 可以写成一个泰勒展开式：

$$\frac{1}{1-x}=1+x+x^2+x^3+....$$

如果 x 很小，该展开式就是很好的近似，只需保留头两项或者头三项即可。当然，也可以直接计算这个函数。可是在量子电动力学中，这是不可能做到的，人们只能利用微扰展开。但结果表明微扰理论出了问题，这一点在上世纪50年代初就被意识到了，尤其是被费恩曼先生你意识到了，那时你正在纽约州伊萨卡市的康奈尔大学工作，不过1950年你移居到帕萨迪纳，成为加州理工学院的教授。

费恩曼：是的，在康奈尔的时候我计算了电子的电磁相互作用效应，特别是与电子质量有关的效应。电子会放射出一个光子，而不久它又会俘获这个光子。这种相互作用是可以计算的，可我却得到了一个关于电子质量的无意义的结果。

牛顿:为什么说没有意义呢?假如你确实能够计算出电子的质量，这将会是一个真正的发现。

费恩曼:没错，但结果表明电子的质量无穷大。

牛顿:如果是那样的话，理论就没有任何意义了。

费恩曼:是的，但我有个很有意思的想法。在没有电磁相互作用的情况下，电子的质量是一个任何人都无法观测的量。我们所得到的只是物理电子的质量，其数值大约为0.5兆电子伏。我把前面提到的无穷大吸收到非物理电子的质量中去，这里“非物理”指的是假设电子没有相互作用的情形。在做计算的时候，人们会遇到无穷大的项，但最后它们会消失。这个过程叫做重正化 (renormalization)。当然，物理电子的质量是无法计算的，它依旧是一个不得不依靠实验才能确定的参量。狄拉克不喜欢这个想法，每逢我遇见他，他总要和我讨论这个问题，但他也找不到解决办法。

重正化方案取得了许多成功。比方说，施温格计算了电子的磁矩，而实验物理学家很精确地测量了这个磁矩。先前狄拉克预言过电子的磁矩，其结果只不过由 (e/m) × 自旋给出，其中 m 为电子质量。磁矩通常由因子 g 给定。依照狄拉克方程，该因子应该等于2。如今我们十分精确地知道这个因子的大小：$g = 2.002\ 319\ 304\ 371\ 8$。

牛顿:因此这个因子并非严格等于2，而是稍微大一点。

费恩曼:对，施温格曾经计算了这种对2的偏离。1912年，慕尼黑大学的索末菲发现光子和电子之间的相互作用强度可以由一个没有物理量纲的数来描述，他称之为精细结构常数，通常用 α 表示。他之所以把这个常数叫做精细结构常数，是因为它与原子能级的精细结构有关。该常数由电荷 e、普朗克常量 h 和光速 c 给出：$\alpha = 2\pi e^2/hc$。所以在这个常数中，电动力学理论、相对论和量子理论结合在一起了。利用实验数据，可得 α 约等于 1/137。如今人们可利用激光技术将精细结构常数测量到很高的精度，它目前的值为 $\alpha = 1/137.035\,999$。

自 1912 年以来，数字 137 使许多物理学家为之神魂颠倒。泡利终其一生都试图算出这个数字，但始终没有成功。当他于 1958 年在苏黎世一家医院与世长辞的时候，人们发现他竟死在 137 号房间。这也许就是个巧合，我们无从得知。

施温格计算了 g 对狄拉克所得到的数值的偏离；以 α 表示，他得到 $g = 2(1 + \alpha/2\pi)$。施温格的数值与实验值完全符合，这是量子电动力学的一个重大成功。

图 10.2　索末菲（1868—1951）。

哈勒尔：没错，这是量子电动力学这个新的量子场论的重大成功。施温格在磁矩测量前计算了由虚光子的发射和其后再吸收所给出的对 $g = 2$ 的修正，它可以用费恩曼先生您引入的现在被称做费恩曼图（Feynman diagram）的示意图来描述。于是施温格的修正由下图表示。

牛顿：施温格计算了这个费恩曼图？

费恩曼：没有，那时施温格还不知道我的示意图。即便是后来他也不使用我的这种图，因为他不喜欢它们。因此他的计算要更复杂

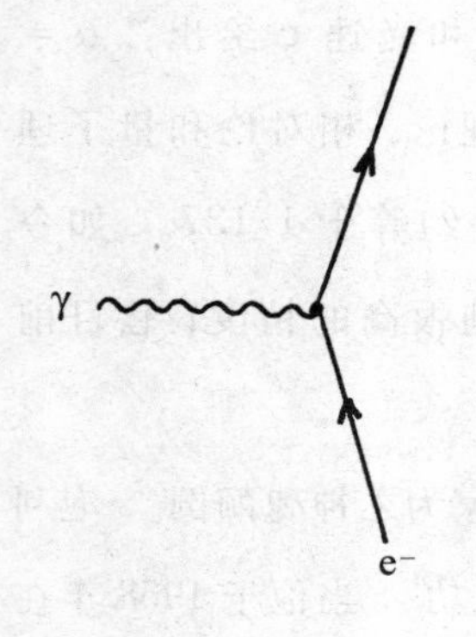

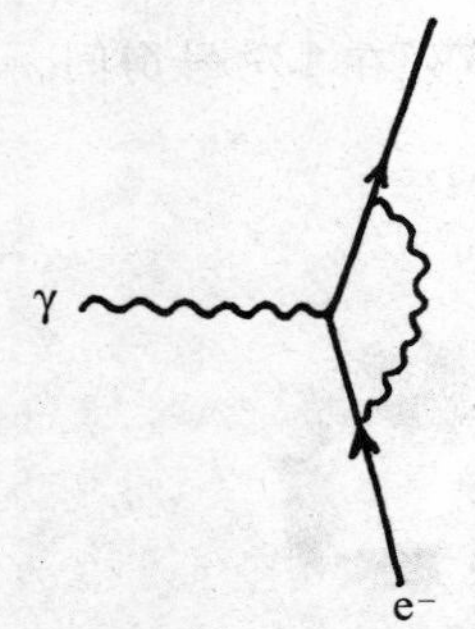

图 10.3　关于电子磁矩的费恩曼图（上图是没有修正的情形，下图代表施温格所计算的第一阶修正）。

一些。

盖尔曼（Murray Gell-Mann）在一次学术休假时到哈佛大学访问。他当时租住在施温格的房子里，因为施温格那一学期正好在欧洲旅行。房子中的一间被施温格锁起来了，那里面存放的也许是他的私人用品。有一回盖尔曼举办家庭聚会，他用粉笔在那间上了锁的房门上写道：这就是施温格藏匿费恩曼图的房间*！

1947 年，施温格在纽约附近谢尔特岛召开的一个小型会议上介绍了他的磁矩计算结果。那是一个冗长的计算，施温格花了约一个小时才讲清楚。我也参加了这个会议，当晚在旅馆房间里我用自己的示意图重复了他的计算。但我只花了几分钟工夫便得到了相同的结果。此时此刻我意识到自己做出了某种重要发现，于是我把有关结果发表在《物理评论》杂志上。

哈勒尔：实际上费恩曼图是很有用的。假如没有费恩曼图，量子场论的进展就会缓慢得多。人们利用这种示意图可以相当容易地计算很多过程。比方说，电子的磁矩会获得来自更高阶的修正，例如来自两个虚光子交换所导致的二阶修正。可以把磁矩修正的结果写成 α 的幂级数展开：

---

* 该段落只出现在德文原版中，被英文版省略了。——译者

图 10.4 在谢尔特岛会议上的讨论——费恩曼坐在中间，施温格坐在右边。

$$\alpha/2\pi + B\alpha^2 + C\alpha^3 + D\alpha^4 + ...,$$

其中系数 B、C 等要计算出来才行。

爱因斯坦：电子磁矩已经测量到了很高的精度，其结果和理论计算相符吗？

哈勒尔：理论非常成功！ 实验和理论之间的一致性好于千万分之一，因而量子电动力学似乎是正确的。

牛顿：量子电动力学——该理论是把量子力学和爱因斯坦的相对论结合在一起而得到的。 海森伯先生，你和泡利先生以及后来的费恩曼先生创造了一个十分出色的理论。

哈勒尔：量子电动力学并不是一个孤立的理论，如今我们知道它是一个还包括了弱相互作用的更大的理论的一部分。 但眼下我们不谈论这个理论。

牛顿：量子电动力学含有两个自由参量（参数）——电子的质量和

精细结构常数。可以谈谈关于这两个常量（常数）的看法吗？尤其是精细结构常数，它或许可以被算出来。

海森伯：电子的质量具有量纲，它不可能由计算得到。许多物理学家曾经尝试过计算精细结构常数，泡利尝试了很多次，但都没有成功。他在58岁这个不算老的年纪去世，死在苏黎世的一家医院。他早先的助手韦斯科普夫（Victor Weisskopf）在他去世前不久探望了他。韦斯科普夫注意到，泡利所在的房间是137号！我们不清楚这究竟是个偶然的巧合还是故意安排的。索末菲的数字137仍旧神秘莫测——没有人知道怎样计算这个数字。

哈勒尔：我的朋友盖尔曼相信，精细结构常数的数值是宇宙的一个偶然事件。我们的宇宙产生于大约140亿年前的一次大爆炸。起初宇宙是由极高温度的电子和夸克的混合物组成的，而精细结构常数的数值则上下波动。随后宇宙膨胀并且变冷，精细结构常数则被偶然地冻结在差不多等于1/137的数值上。

爱因斯坦：假如大爆炸再现的话，精细结构常数会变得与现在的数值不同吗？

哈勒尔：是的，精细结构常数只是宇宙的一个偶然事件。

费恩曼：我曾经在一本书中获悉，倘若 α 取不同的值（比如1/140），我们的世界将会大不一样。

哈勒尔：没错，如果 α 的数值变了，有些与我们的生命息息相关的大分子将无法存在，我们自身也将不复存在。

爱因斯坦：这很奇怪——我们的生命与精细结构常数的数值会是如此强烈地关联在一起。

哈勒尔：盖尔曼和许多其他物理学家相信，不仅存在一次大爆炸，而且还存在很多次大爆炸，或许无穷多次大爆炸。我们的世界不应该叫做宇宙（universe），而应该叫做多元宇宙（multiverse）。

每次大爆炸都导致一个不同的精细结构常数，而在我们的世界它偶然地接近于137的倒数。只有在这个宇宙里才存在生命，因而人们看到了生命和精细结构常数的数值之间的关联，不过这纯粹是一个偶然事件。

爱因斯坦：又是偶然，就像在量子理论中一样，处处都是偶然或者意外。不，我不相信精细结构常数的数值是一个偶然的值——总有一天人们应该能够把这个常数计算出来。

牛顿：爱因斯坦先生，如果精细结构常数的数值是一个意外，计算这个数值就没什么意义了。那是宇宙的一个偶然事件，没有人会计算这个常数。

爱因斯坦：我必须承认，这种形式的物理学正朝着我不喜欢的方向发展。换作今天我就不想再成为物理学家了，而宁愿在一座孤岛上当个灯塔值班员。

哈勒尔：现在到了晚餐时间，我建议咱们还去波茨坦吃晚饭。

几分钟之后他们上了出租车，前往“老邮局”餐馆。

第十一章 色夸克和胶子

第二天早上，物理学家们再次相会在爱因斯坦家的露台上。

爱因斯坦: 量子电动力学是关于电磁学的量子场论，它把量子力学和相对论结合在一起，可以很好地描述原子。我们知道质子和中子并非基本粒子，而是夸克的束缚态。对于原子物理学而言，核子是不是基本粒子这一点并不重要。但我想要弄明白核子与核力。关于核力，有没有一个前后一致的理论?

费恩曼: 有的。但在谈到这个理论之前，我们需要理解一些粒子物理学的现象。基本粒子物理学开始于 1950 年前后。当时人们正致力于宇宙线的研究，并从中发现了许多新的粒子：先是 π 介子，然后是 K 介子，再后来是新的重粒子——超子。人们引入了新的对称性，尤其是 SU (3) 对称性，来描述这些粒子。SU (3) 对称性是由加州理工学院的盖尔曼和以色列的尼曼（Yuval Ne'eman）提出来的。

1964年，盖尔曼和茨威格（George Zweig）各自提出了一个新的想法：核子是由某一类基本粒子组成的束缚态。盖尔曼称这类基本粒子为夸克。利用夸克的概念，盖尔曼能够解释SU（3）对称性。不是很多人都相信这是正确的途径，但如今我们知道事实上盖尔曼和茨威格是对的。

由于夸克具有奇怪的电荷，盖尔曼没有把他的论文投到美国物理学会主办的《物理评论快报》，因为他觉得审稿人会拒绝这篇稿子。他宁愿将论文投给欧洲物理学会主办的《物理快报》。这篇很短的论文在《物理快报》顺利发表了，而它最终成了该期刊所发表的最有成就的论文。

茨威格是盖尔曼和我的博士研究生*。他毕业之后去了欧洲核子研究中心，在那里他写了一篇很长的关于夸克的论文，不过他把夸克称做“A纸牌”（ace）。当时，在欧洲核子研究中心工作的物理学家们不得不把他们的论文发表在欧洲的期刊上。茨威格打算把他的研究成果发表在美国的《物理评论》上，但没有被容许这样做，因此他从未发表他的那篇论文。甚至到了今天，茨威格的这篇论文仍然只能算是欧洲核子研究中心的预印本。他应该把他的想法发表在欧洲的《核物理》期刊上，若是那样就好了。

牛顿：为什么夸克具有奇怪的电荷呢？

费恩曼：这很容易理解。对于质子和中子的构成，人们需要两种类型的夸克，盖尔曼把它们命名为“u夸克”和“d夸克”，取自“up”（上）和“down”（下）的字头。质子具有（uud）结构，而中

---

* 原著中把茨威格说成是盖尔曼本人的研究生，这是不准确的。事实上茨威格在他的毕业论文中感谢了三位指导老师，包括费恩曼和盖尔曼。经过与作者沟通，这里我们对原著的表述做了改动。——译者

子具有（udd）结构。很容易把夸克的电荷算出来：$2Q$（u）+Q（d）=+1 和 Q（u）+2 Q（d）=0，从而得到 Q（u）=+2/3 和 Q（d）=-1/3。因此夸克的电荷并不是整数。

哈勒尔：夸克的电荷的确相当奇怪。由于这个原因，很多物理学家不喜欢夸克模型。但如今我们知道夸克存在于核子内部，它们的电荷可利用电子束与核子的非弹性散射过程来测量，而结果确实是 Q（u）=+2/3 和 Q（d）=-1/3。有关的实验是在加州斯坦福直线加速器中心完成的。

八年之后，即1972年，盖尔曼和他的年轻的德国合作者弗里奇第一次讨论了这样一种可能性：应该存在一个与量子电动力学相似的简单场论，它足以描述强相互作用的各种现象。如今人们普遍接受了这个与实验相符、被称做量子色动力学（quantum chromodynamics，缩写为QCD）的理论，并把它作为强相互作用的标准理论。量子色动力学是相对论、量子力学和一种新的夸克“色”理论的统一体。我们稍后将讨论夸克的色量子数。

图 11.1　盖尔曼（右）与弗里奇在柏林（1995年）。

牛顿:夸克具有特别的颜色?

费恩曼:这里所谓的“色”并非真实的颜色，而只是一种特定的标记。不过这种标记解决了一个严重问题。在盖尔曼和茨威格的简单夸克模型中，存在4个核子激发态，它们是不稳定的，而且自旋等于3/2。它们在伯克利被发现，被称做Δ粒子。考虑Δ^{++}粒子，它的质量大约为1230兆电子伏，而电荷等于+2。在夸克模型中，这个粒子由3个u夸克组成，它的电荷是Q (u) = +2/3的3倍，即+2。该粒子的波函数十分简单，3个u夸克处在s波的状态，而且它们的自旋指向同一个方向。其结果就是一个自旋等于3/2并具有(uuu)结构的粒子。

海森伯:但另一方面就会出现一个问题：这个粒子只包含u夸克，其波函数是完全对称的，而不是像泡利不相容原理所要求的那样应该是反对称的，因为夸克都是费米子。

费恩曼:没错，夸克应该遵循泡利不相容原理；如果两个u夸克相互交换的话，Δ^{++}粒子的波函数应该是反对称的。可是在夸克模型中，Δ^{++}的波函数是对称的。由于这个原因，许多物理学家不接受夸克模型。1971年，弗里奇和盖尔曼找到了解决这个问题的办法。他们假设除了电荷、质量和自旋之外，夸克还拥有另一个性质，即类似于某种三重荷的新量子数。弗里奇和盖尔曼把这种“荷”叫做夸克的“色”——既有红色(R)夸克，也有绿色(G)夸克和蓝色(B)夸克。但毫无疑问，这种“色”并非真正的颜色。

我们把新的色量子数考虑进来，再来看看重子的波函数。比方说，考虑三个红色夸克(RRR)所描述的波函数，那就会重新遇到泡利不相容原理的问题，因为这个态在交换两个夸克的情况下仍然是对称的。不过存在一种波函数，它在交换任意两个夸克的情况下是反对称的；这种态就是（RGB－RBG＋BRG－BGR＋GBR－GRB）。

牛顿：是什么东西决定了色的数目？我们也可以取两种色，或者四种色吗？

哈勃尔：不行，只能存在三种色，因为质子是由三个夸克组成的。假如只有两种色的话，质子就只能包含两个夸克。1964年，当时盖尔曼想知道为什么质子是由三个而不是两个或四个夸克组成的。色量子数给出了解释：三种颜色意味着质子是由三个夸克组成的。夸克的三种颜色导致了一类新的对称性，即色群（color group），由数学上的SU（3）群来描述。

夸克的三种颜色也是描述中性 π 介子衰变成两个光子的电磁过程所必需的，该过程的衰变率依赖于色的数目。倘若夸克没有色，则衰变率约为实际衰变率的1/9。这曾是反对夸克模型的论据之一。可是在夸克具有三种色的情况下，$\pi^0 \to 2\gamma$ 的衰变率增大到原来的 $3\times3=9$ 倍，这个结果和实验符合得很完美。

夸克的束缚态扮演着物理态的角色，它们是SU（3）色群的单态。对于那些物理态而言，夸克的色中性化了，有时人们也把这样的态说成是白色的态。

色量子数的旋转描述了一种对称性，与量子电动力学中的相位旋转很相似。弗里奇在东柏林研究过引力；而且作为一种准备工作，他也详细地学习了杨—米尔斯场论。

爱因斯坦：我是引力理论的专家，但我不清楚什么是杨—米尔斯理论。

费恩曼：我来解释。1954年，华人物理学家杨振宁从普林斯顿高等研究院来到位于纽约厄普顿的布鲁克黑文国家实验室。作为短期访问学者，杨振宁和当时还是博士后的米尔斯共用一间办公室*。杨振宁和米尔斯都对强相互作用感兴趣，他们试图理解同位旋对称性的细节。他们的想法是把同位旋对称性当做电动力学中的规范对称性那样来处理。这就意味着存在一种新的传递力的粒子，类似于电动力学中的光子。由于描述同位旋的SU (2) 群拥有三个独立的生成元，一定会存在三个自旋为1的新粒子，传递新的相互作用力。这些传递力的粒子会与质子和中子发生相互作用。

泡利甚至在1954年之前就已经研究过这种理论，但他没有正式发表自己的研究成果，原因在于他发现无法给予新粒子以质量**。杨振宁和米尔斯也没有能够为传递力的粒子引入质量，因而他们的模型不现实，事实上不存在描述质子和中子相互作用的无质量粒子。不过杨振宁和米尔斯仍旧发表了他们的结果，而如今我们把这种理论叫做杨—米尔斯场论。

弗里奇对杨—米尔斯理论很熟悉，有一天他与盖尔曼讨论了在色空间运用杨—米尔斯理论的可能性。盖尔曼起初不喜欢这个提议，但不久之后他就意识到这也许是个好主意。在这样一个理论中，与无质量的传递力的粒子有关的问题不复存在，因为所有携带色量子数的物体（包括传递力的粒子）都不会以自由粒子的方式存在，而是永久地被束缚在介子或重子中。

1972年，弗里奇和盖尔曼发表了他们关于强相互作用的新理论。由于这个理论与量子电动力学（QED）很相似，因此他们把它称为量

---

* 原著中提到杨振宁和米尔斯在普林斯顿高等研究院完成了著名的杨—米尔斯理论，这是不准确的。经过核对原始文献资料和与作者沟通，这里我们对原著的表述做了改动。——译者

** 作者针对这段历史的叙述夹杂了一定的个人猜测，故我们选择省略掉原著的个别语句，以免引起不必要的误会和误导。——译者

子色动力学（QCD）。在这个理论中，夸克之间的相互作用是由八个传递力的规范玻色子提供的。

起初许多物理学家没有重视这个理论，但结果表明量子色动力学理论能够描述处于原子核内部的夸克的动力学。如今它成为强相互作用的标准理论。所有的实验结果都和量子色动力学的预言相符合。

牛顿：我猜想夸克的色特性提供了一个原因，使我们得以理解为什么夸克不能作为自由粒子而出现。

哈勒尔：是的，人们要求物理粒子都应该是色单态。可以很容易地利用三个夸克形成一个色单态，为此你必须取一个红色夸克、一个绿色夸克和一个蓝色夸克。不管用什么方法，两个夸克都不能形成一个色单态。不过夸克和反夸克是可以构成色单态的，其颜色的总和为“反红～红＋反绿～绿＋反蓝～蓝”。这样的态都是介子，比如 π 介子。带正电荷的 π 介子具有“反 d 夸克＋u 夸克”的结构。

我想说说电磁学的理论 QED 与夸克的“色”理论 QCD 的主要区别。量子电动力学的规范对称性十分简单，它是由电子场的相位旋转给出的。这样的旋转可由单独一个参量来描述，数学家把这样的对称性叫做阿贝尔对称性（Abelian symmetry），源于挪威数学家阿贝尔（Niels Henrik Abel）。

“色”理论的对称性要复杂得多。如果我们从几何的角度考虑一个具体例子，就可以看到这一点。假如空间只有两维，旋转描述的是阿贝尔对称性。倘若再加上一个空间维度，我们就有三种不同的旋转，分别围绕 x 轴、y 轴和 z 轴。一个任意的转动可由三个参量来描述，相应的对称性就是非阿贝尔对称性。一个拥有非阿贝尔规范对称性的理论叫做非阿贝尔规范理论或杨—米尔斯理论。

在量子色动力学（QCD）中，存在八种规范玻色子，盖尔曼把它们称为“胶子”，理由是在一个强子内部所有的夸克都被胶子“粘”在一起。

爱因斯坦：我不喜欢“胶子”（gluon）这个名称——在一个单词中既有英语成分又有希腊语成分。我宁愿选个更好一点的名称，比方说“色子”（chromon），因为“chromos”一词在希腊语中是“颜色”的意思。

哈勒尔：弗里奇也不喜欢“胶子”这个名称。实际上他提议过使用“色子”这个名称，但是盖尔曼不喜欢它，而我们现在都被胶子粘住了。无论如何，弗里奇和盖尔曼为理论本身取了个有趣的名称：量子色动力学。

爱因斯坦：不错，这个名称很好。量子色动力学甚至比量子电动力学还要好听。这个理论和它的名字一样好吗？

哈勒尔：是的，该理论很好地描述了强相互作用。所有的实验都和基于量子色动力学的理论预言相符合。不过大多数理论物理学家感到这个理论太复杂了；尤其是他们不相信“色”对称性是自然界的一种严格的对称性。

爱因斯坦：可是我觉得量子色动力学的这种特征很有意思。一种不破缺的对称性——这是个很美妙的事物。由于对称性没有破缺，它无法被直接观测到。我喜欢这一点——我喜欢量子色动力学理论。

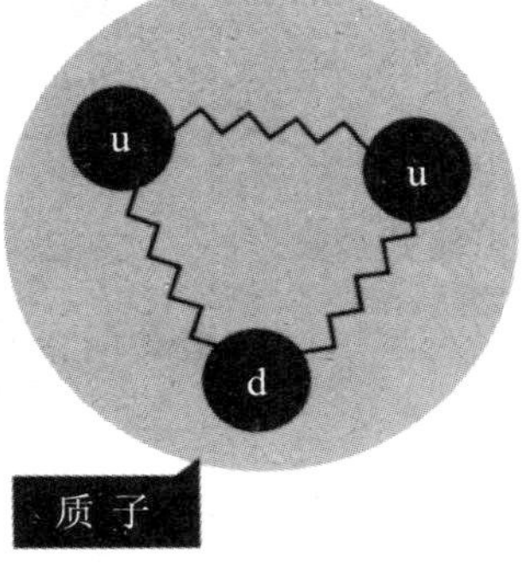

图 11.2　三个夸克被胶子束缚在一起形成一个质子。

费恩曼：甚至在量子色动力学理论被提出来以前，我就想过夸克也许可以在高能电子—正电子湮没过程中被间接地探测到。夸克一旦产生，它就会被禁闭在强子中。但它具有很高的动量，而这个动量会分化成许多强子，主要是介子。这些粒子形成强子的喷注，可是这些强子的动量之和应该等于夸克的动量。因此在电子—正电子湮没过程中人们应该看到两束强子喷注。这样的夸克喷注于 1979 年在德国的电子加速器（DESY）上被发现了。

随后实验物理学家们发觉，胶子也应该存在。人们预期在电子和正电子湮没时，应该间或产生出一个夸克、一个反夸克和一个胶子。因而人们应该看到三束喷注，而这种三喷注事例确实于 1979 年也在 DESY 被观测到。

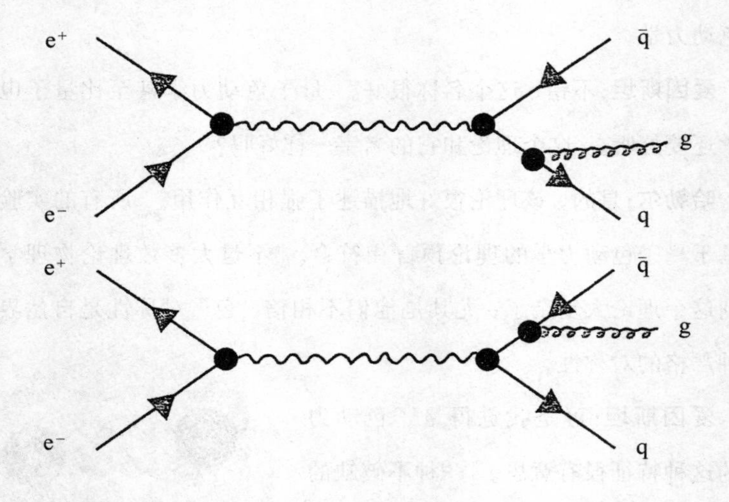

图 11.3　在电子—正电子湮没过程中产生夸克和反夸克，其中夸克或者反夸克放射出一个胶子。

通过测量这些喷注现象，人们可以查明有关夸克与胶子相互作用强度的明确信息。该强度由一个参数来表述，通常用 α_s 来表示——它是量子电动力学中的精细结构常数 α 在强相互作用中的类比。利用欧洲核子研究中心的大型电子对撞机（LEP），人们测定了 α_S 的值：$\alpha_S \approx 0.12$。

一个像量子色动力学这样的非阿贝尔规范理论，它的结构在很大程度上不同于像量子电动力学那样的阿贝尔规范理论的结构。如果一个电子和一个光子相互作用，电子和光子会相互交换它们的动量，仅此而已。但是在夸克与八种胶子中的某一种发生相互作用时，夸克的色态一般会改变，比如由红色夸克转变成绿色夸克。

简单比较一下量子电动力学与量子色动力学：

量子电动力学(QED)	**量子色动力学(QCD)**
电子和 μ 子和 τ 子	夸克
电荷	“色”荷
光子	胶子
原子	原子核

光子是电中性的，这一点尤其意味着它们不会直接与自身发生相互作用。千千万万个光子可以在一条激光束中一起穿越空间飞行，

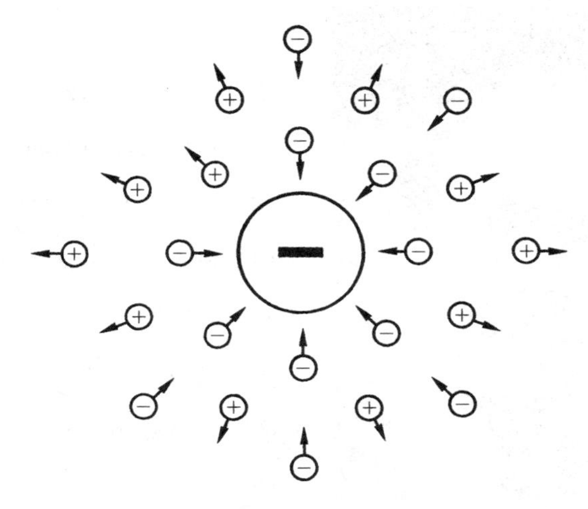

图 11.4　一个电子的电荷受到虚的电子—正电子对的屏蔽。

彼此互不打扰。胶子却做不到这一点，因为它们不仅和夸克有相互作用，而且还和自身发生相互作用。胶子也具有“色”荷——它们是色的八重态。

胶子的自相互作用对于真空极化而言会产生一些很有趣的结果。量子色动力学的真空态中充满了虚的夸克、反夸克和胶子。假如我们把一个夸克放入真空中，这些虚夸克将由于相互作用而被排斥，虚反夸克将被吸引。这种效应与量子电动力学中类似的效应很相像——夸克的有效“色”荷减小了。由于胶子也携带“色”荷，夸克周围的虚胶子所形成的海也会被极化。在量子电动力学中这种情况不会发生，即虚光子海是不会被极化的。

在20世纪60年代末期，人们研究了非阿贝尔规范理论中的真空极化效应。最初的计算是由俄罗斯的理论物理学家克里普洛维奇(Iosif Kriplovich)做的，后来荷兰的理论物理学家特霍夫特(Gerard 't Hooft)也做了有关的计算。

图11.5 特霍夫特。

更详细的计算是由普林斯顿的格罗斯(David Gross)和他的学生韦尔切克(Frank Wilczek)以及哈佛大学的普利策(David Politzer)在1973年完成的。他们发现在量子色动力学中不像在量子电动力学中那样，虚胶子会增加夸克的“色”荷。这意味着强相互作用的强度将随着距离的减小而减弱，随着距离的增大而增强。这种效应叫做渐近自由(asymptotic freedom)。

哈勒尔：电磁学的精细结构常数随着距离的减小而增大。在量子色动力学中，相反的情形才是对的：胶子对真空极化有所贡献，而且这种贡献是负的。因而，强相互作用的耦合常数 α_s 随着距离的减小而减小。大型电子对撞机实验在 Z 玻色子质量的能标处（大约 91 GeV）给出了该耦合常数的如下数值：$\alpha_s \approx 0.12$。既然耦合常数小于 1，就可以使用微扰论的方法计算夸克与胶子的相互作用过程。但是在距离很大或者说能量很低的情况下，耦合常数会增大且超过 1，这时微扰论就不再适用了。这意味着夸克和胶子无法作为自由粒子而存在——它们被禁闭了。虽然如此，我们仍旧缺少关于夸克与胶子禁闭的真正证明。

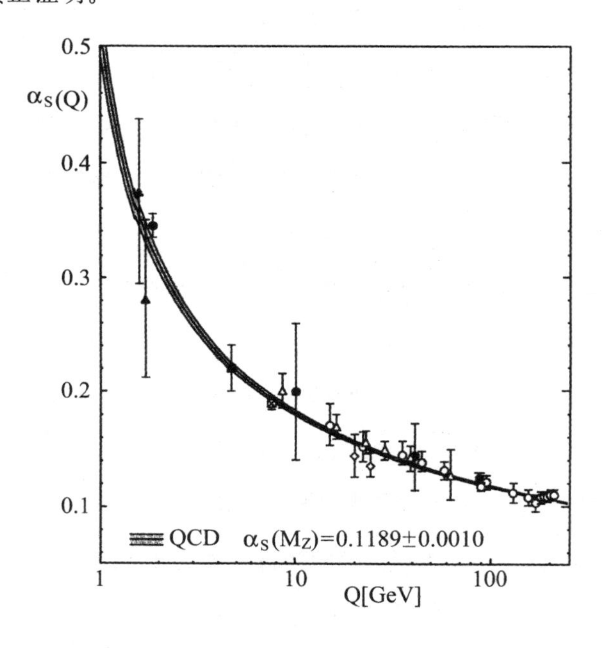

图 11.6 量子色动力学的耦合常数随能标变化的行为。该常数并不是不变的，而是随着能量的增大（或者距离减小）而减小。

考虑夸克和反夸克之间的相互作用。在很小的距离，即小于强相互作用的典型尺度 10^{-13} 厘米，强相互作用就像电磁力一样随着距离的平方而减弱。量子色动力学的相互作用就像电相互作用一样，可以用场力线来描述。在很小距离的情况下，这些场力线是相似的；但在很大距离的情况下，胶子的自相互作用就变得重要了，这时场力线之间将彼此吸引。当距离足够大的时候，场力线将变得彼此平行，这时夸克和反夸克由场力线组成的力线束连接在一起。夸克与反夸克之间的力是恒定的，因此夸克与反夸克看起来被禁闭了。

当距离足够小的时候，夸克与反夸克之间的力会变得相当弱。这就解释了为什么夸克在电子和质子的散射过程中看起来像类点物体。强相互作用力在很小的距离会逐渐消失，此时夸克的行为逐渐接近自由粒子的行为，这种特性就叫做渐近自由。

像任何其他有色物体一样，色夸克不能作为自由粒子而存在。只有色单态的粒子才会是自由粒子，例如质子。最简单的色单态是一个夸克和一个反夸克构成的束缚态，即介子。第一个介子，即 π 介子，是 1947 年在宇宙线中被发现的。它的质量大约等于 140 兆电子伏。三个夸克组成的束缚态叫做重子，比如质子就属于重子。

爱因斯坦:你到目前为止所提到的粒子仅由夸克构成。但两个色八重态的胶子也可能形成色单态。这样的粒子将是色中性的，而且它只由胶子组成。已经发现这类粒子了吗?

哈勒尔:这是一个难以回答的问题。弗里奇和盖尔曼曾经提出过这样的粒子，他们称之为胶介子（glue-meson）。实验物理学家寻找过胶介子，但是迄今为止尚未发现它们。胶介子可以轻易地与那些由夸克—反夸克构成的中性介子混合在一起。人们曾经研究过中性介子，但到目前为止没有发现这些介子至少部分地是由胶子组成的任何证据。 实验物理学家依旧在寻找这样的混杂态。

但现在到了午饭时间，让我们停止今天上午的讨论吧。

第十二章　中微子振荡

哈勒尔：今天下午我想讨论一种与弱相互作用有关的效应。这种效应与中微子尤其相关，但它也和量子力学有关。你们都知道，中微子是泡利在1930年提出来的，它们是电子的电中性亲属——中微子没有电荷，所以它们不参与电磁相互作用，但它们无疑参与弱相互作用。电子和中微子两者经常被称做轻子，其含义有几分像是“轻的粒子”。

如今我们知道在我们的宇宙中，除了电子和与它相对应的中微子以外，还存在更多的轻子。一种叫做 μ 子的带电轻子，它的质量大约是电子质量的200倍。这种粒子是1936年在宇宙线中被发现的。它并不稳定，一旦通过某种反应过程而产生，它就会在大约10^{-6}秒之后衰变成电子和中微子。μ 子的电中性伴侣也是中微子，人们发现这类中微子不同于电子型中微子，于是它被称做 μ 子型中微子。

1975年，另外一种不稳定的带电轻子在斯坦福直线加速器中心被发现。它并不是一个像其他轻子那样轻的粒子，它的质量几乎是质子质量的两倍。它被称做 τ 轻子，或者 τ 子。τ 轻子的电中性伴侣是 τ 子型中微子。利用欧洲核子研究中心的大型电子对撞机，人们发现将不会存在更多类型的中微子。因而在我们的宇宙中，有 3 种中微子和 3 种带电轻子。

牛顿：又是数字 3——在量子色动力学中有 3 种色，现在我们又有 3 种中微子。在我们的宇宙中，数字 3 似乎起到一种特殊的作用。

费恩曼：我们完全不清楚为什么色的数目与中微子的种类数相等。但是轻子的种类数似乎与不同夸克的种类数有关联。质子和中子由两种不同的夸克组成，即 u 夸克和 d 夸克。我们喜欢把这两种夸克与电子及其中微子联系起来。这两种夸克和两种轻子合在一起成为一个家族（family）。不过除了这个家族以外，还有两个家族。第二个家族由两种重夸克 s 夸克（奇异夸克）和 c 夸克（粲夸克），以及 μ 子及其中微子组成。这两种新的夸克是新的重粒子的组分，这些重粒子不稳定，最终会衰变成质子、电子和中微子。

τ 子及其中微子属于第三个轻子家族，该家族还包括两种很重的不稳定夸克，即 b 夸克（底夸克）和 t 夸克（顶夸克）。t 夸克相当特殊，它的质量很大，大约有 185 个质子那样重。t 夸克是 1995 年在芝加哥附近的费米实验室被发现的。

不同中微子的种类数对应于轻子—夸克的家族数。在我们的世界中存在三个家族。我们不知道这种家族数是否与不同色的数目相关联，或许这样的关联是存在的。

哈勒尔：中微子是唯一能在宏观尺度上显示出量子力学效应的粒子。中微子的质量很小，不同种类的中微子可以通过振荡而相互转化。一个 μ 子型中微子可以变成一个电子型中微子，反之亦然。

海森伯：这种现象很奇特——中微子同电子一样是普通粒子，可是电子并不振荡。为什么中微子能够振荡呢？

哈勒尔：这与弱相互作用的特殊性质有关。庞蒂科夫（Bruno Pontecorvo）最早在 1957 年讨论了中微子振荡（neutrino oscillation）。他是意大利物理学家，后来移居苏联。

考虑带电轻子的衰变和电子的弱相互作用，这种弱相互作用是由带电的中间玻色子（即 W 玻色子）传递的。如果 W 玻色子与电子发生相互作用，电子就会变成中微子：

$$e^- + W^+ \rightarrow \nu_e.$$

我们可以类似地考虑 W 玻色子与 μ 子或 τ 子的反应：

$$\mu^- + W^+ \rightarrow \nu_\mu \text{ 或 } \tau^- + W^+ \rightarrow \nu_\tau.$$

假如中微子没有质量，就不会有任何特别的事情发生。可是如果它们具有质量，在 W 玻色子与电子的相互作用中所产生的中微子就没有确定的质量，且可能是两个或三个质量本征态的混合态。比方说，从电子产生的中微子可能是两个质量本征态的叠加：

$$\nu_e = (\nu_1 + \nu_2)/\sqrt{2}.$$

于是，电子型中微子就可能是两个质量本征态的正交叠加，在ν_1与ν_2之间取负号。在这种情况下混合角最大，等于 45°。倘若是 μ 衰变，那么放射出来的中微子也是两个质量本征态的混合态。

牛顿：为什么物理学家要考虑这样的混合？难道有实验显示，在弱衰变过程中所放射出来的中微子不是质量本征态？

哈勒尔：有可能存在这种混合的假说是庞蒂科夫在 1957 年提出来的。关于中微子混合的主要论据来自于夸克，夸克的混合已广为人知。如果 W 玻色子与 u 夸克发生相互作用，就会产生出 d 夸克，但产生的概率不是 100%，有时会产生 s 夸克。因此该过程所放射出来的夸克是 d 夸克与 s 夸克的混合，但相应的混合角不大，约为 13°。

现在考虑中微子的情形。在原子核的 β 衰变过程中，会产生一个电子型中微子。中微子在空间中传播。假如中微子的质量为零，它就会像光子一样以光速传播。但如果中微子是两个不同质量本征态的混合，那么每个质量本征态都会以小于光速的速度传播；其中质量较大的态与质量较小的态相比，传播得会慢一些。

爱因斯坦：我明白了——如果刚开始的时候，中微子是上述两个质量本征态的叠加，即

$$\nu_e = (\nu_1 + \nu_2)/\sqrt{2},$$

那么在某个点 x 处我们会得到一个不同的叠加态，比方说

$$\nu = a\,\nu_1 + b\,\nu_2,$$

其中系数 a 和 b 依赖位置 x。

海森伯：因而在点 x 处中微子不再是电子型中微子了，而是电子型中微子和 μ 子型中微子的叠加：当我们假设只有这两种类型的中微子时，它是电子型中微子的概率为 p，而它是 μ 子型中微子的概率为 $1-p$。

哈勒尔：对！这样的转变应该存在，而这就是中微子振荡。* 如果混合角等于 45°，电子型中微子就会在经过某个距离后变成 μ 子型中微子，而后它又会再次转变成电子型中微子，如此这般下去。

牛顿：当电子型中微子与核子发生反应时，它会转变成电子。而 μ 子型中微子与核子发生反应时则会转变成 μ 子。因此可以通过测量电子型中微子束在不同的传播距离处与探测器中的核子发生相互作

---

* 1962 年，就在 μ 子型中微子被发现后不久，日本物理学家牧二郎、中川昌美和坂田昌一提出了电子型中微子与 μ 子型中微子混合的假说，紧接着庞蒂科夫发展了电子型中微子与 μ 子型中微子之间相互振荡的理论（他在 1957 年提出来的其实是电子型中微子与反电子型中微子之间的振荡假说）。原著在此处的表述（庞蒂科夫首先提出了中微子振荡假说）与史实略有出入，特做澄清。——译者

用的产物，来观测中微子振荡现象。

哈勒尔：没错，这样的实验大约从1975年以来就一直在做，但很长一段时间都没有发现任何中微子振荡效应。我在1975年访问过法国格勒诺布尔的劳厄—朗之万研究所，并做了一个关于中微子振荡假说的学术报告。当时穆斯堡尔（Rudolf Mößbauer）是该研究所的所长，他喜欢中微子振荡，并在我访问那里之后不久就启动了一个中微子实验，利用那里的小型反应堆。穆斯堡尔没有发现任何中微子振荡效应。后来他在靠近瑞士伯尔尼的大型反应堆附近又重新做了实验，这一次也没有发现任何中微子振荡效应。不过，他得到了关于中微子质量平方差的相当严格的极限，其数量级为2平方电子伏。

如今我们可以理解为什么穆斯堡尔在实验中什么都没有发现。自从1998年的超级神冈大气中微子实验以来，我们知道了中微子具有质量而且存在中微子振荡。但人们发现不同中微子之间的质量平方差特别小，其数量级为10^{-3}平方电子伏或更小。我们不清楚三种中微子的绝对质量是否在0.1电子伏的量级或更小，也不清楚三种中微子的质量是否是近简并的（即它们的质量差很小）。中微子振荡只给出了关于中微子质量平方差的信息，而无法直接给出关于中微子质量本身的任何信息。

牛顿：既然三种中微子是三个质量本征态的叠加，那么我们关于叠加系数或者说混合角究竟知道多少呢？

哈勒尔：哦，我可以告诉您有关的信息，不过测量结果并不十分精确。三种中微子的混合状况大致如下：

$$\nu_e = 0.83\,\nu_1 + 0.56\,\nu_2,$$

$$\nu_\mu = -0.40\,\nu_1 + 0.59\,\nu_2 + 0.71\,\nu_3,$$

$$\nu_\tau = 0.40\,\nu_1 - 0.59\,\nu_2 + 0.71\,\nu_3.$$

其中ν_1、ν_2和ν_3是中微子的质量本征态，相应的中微子质量为m_1、m_2和m_3。目前太阳、大气、反应堆和加速器中微子振荡实验给出的结果是：

$$m_2^2 - m_1^2 \approx 7.6 \times 10^{-5}\text{平方电子伏}$$

$$m_3^2 - m_2^2 \approx \pm 2.4 \times 10^{-3}\text{平方电子伏}$$

其中“±”表明m_2与m_3的相对大小尚未确定。未来的长基线中微子振荡实验有望确定中微子的质量等级。*

费恩曼:这些质量平方差非常小。我现在明白了为什么穆斯堡尔没有发现任何中微子振荡效应。假如中微子的质量像带电轻子的质量一样，彼此并不靠得很近，它们的数值一定极小。我猜想三类中微子的质量有可能是近简并的，如果那样，它们的质量或许会是1电子伏的量级。

哈勃尔:嗯，这是一种可能性。不过更有可能的是中微子质量比1电子伏小得多。例如，倘若我们取第一类中微子的质量为零（即$m_1=0$），那么第二类中微子的质量m_2就约为8.7×10^{-3}电子伏，而第三类中微子的质量则约为4.9×10^{-2}电子伏。在这种情况下，直接测量中微子的质量将变得非常困难。

我在前面已经用质量本征态描述了三种中微子。电子型中微子主要由两个质量本征态组成，其他两类中微子则由三个质量本征态组成。

牛顿:如果是这样，我想知道中微子振荡的长度。你对中微子振荡的长度都知道些什么呢？

---

* 原著在这部分的讨论不够清晰准确，因此我们在表述上做了必要的删减或补充。——译者

哈勒尔：特别要说的是，人们已经利用日本的超级神冈探测器研究了$\nu_\mu-\nu_\tau$振荡。μ子型中微子产生于宇宙线在上层大气中的碰撞。在这些碰撞事件中会产生许多π介子，而它们主要衰变成μ子和μ子型中微子。μ子型中微子传播到超级神冈探测器中时会与物质发生反应。实验物理学家发现，在μ子型中微子与τ子型中微子之间存在振荡，振荡长度依赖于能量，但平均而言其量级为2000千米。μ子型中微子与τ子型中微子之间的混合角很大，大约等于45°。

海森伯：这简直太离奇了！振荡是一种量子效应。现在把量子力学用于好几千千米的长度，我从未想过这种情况真能发生。

哈勒尔：是的，用中微子是可以做得到的，原因当然在于中微子的质量极其微小。还有一些其他中微子振荡实验也在进行中。比方说，费米实验室在MINOS实验中向735千米之外、位于北方明尼苏达州的地下探测器发射了较高能量的μ子型中微子束流。如果μ子型中微子在传播过程中部分地振荡转化为探测器无法测量的τ子型中微子，那么探测器所检测到的μ子型中微子事例数将会比最初的μ子型中微子事例数少。MINOS实验发现了这种“μ子型中微子丢失”现象，并从而测量了相关中微子质量的平方差和混合角，所得到的结果与大气中微子振荡实验的结果符合得相当好。另外一个类似的长基线中微子振荡实验OPERA是把μ子型中微子束流从欧洲核子研究中心输送到730千米远处的意大利戈兰萨索地下实验室，目的在于寻找$\nu_\mu\rightarrow\nu_\tau$振荡的直接证据。此外，还可以利用来自核反应堆的反电子型中微子束流开展振荡实验，以测量最小的中微子混合角。目前正在中国深圳大亚湾核电站进行的反电子型中微子振荡实验就属于这一类实验，类似的实验还包括正在法国和韩国进行的实验。令人兴奋的是，大亚湾国际合作组于2012年3月8日向全世界宣布：他们观测到了这个最小的中微子混合角，其数值接近9°。*

爱因斯坦：中微子具有很小的质量和很大的混合角，这十分奇怪。你知道中微子的质量为什么这么小吗？

哈勒尔：实际上我们并不知道这个问题的答案。有些物理学家认为中微子质量属于所谓的马约拉纳质量。1937年，年轻的意大利理论物理学家马约拉纳（Ettore Majorana）为电中性、自旋为1/2的粒子构造了一个质量项，如今被称做马约拉纳质量项，其前提条件是粒子与反粒子是完全相同的粒子。中微子也许属于这样的马约拉纳粒子，而物理学家正在寻找一类原子核的稀有衰变——这种衰变只有当中微子是马约拉纳粒子时才会发生。不管怎样，中微子物理学变得越来越有趣了。

但我们现在结束讨论吧，已经很晚了。我建议，咱们去卡普特的一家餐馆吃晚饭。

---

* 原著在这一部分所描述的中微子振荡实验，这几年有了很大变化和发展。所以我们依照原作者的意思对该段落进行了改写，从而真实反映相关实验的现状。——译者

第十三章 粒子的质量

第二天一早，五位物理学家聚在露台上吃早饭。天气晴朗，万里无云。爱因斯坦建议他们应该驾船航行，在船上继续讨论。船很快就准备好了，他们不久就出现在湖面上。风儿轻轻地吹着，他们慢慢地驾船向东行驶。

牛顿：费恩曼先生，我对原子物理学中的一些事情困惑不解。原子是由原子核和电子组成的，原子核与电子都具有确定的质量。这些质量从何而来？为什么核子会比电子重差不多 1840 倍？在爱因斯坦的理论中，质量是某种冻结的能量，而且我们可以用能量的单位来表示质量的大小，例如电子伏（eV）、千电子伏（keV）、兆电子伏（MeV）、千兆电子伏（GeV），等等。电子的质量大约等于 0.511 兆电子伏，质子的质量大约等于 940 兆电子伏。人们应该能够精确地计算这些质量。

费恩曼：牛顿先生，这是个难以回答的问题——我们还没有搞明白这些质量从何而来。在标准模型中，我们拥有3个带电轻子的质量、3个中微子的质量和6个夸克的质量，总共12个参量，我们都无法理解。另外还有W玻色子和Z玻色子的质量。

哈勒尔：人们在上世纪60年代曾经试图引入弱相互作用玻色子的质量。仅仅给予这些玻色子一个质量是不可行的，因为那样的话理论本身就会像在量子电动力学中那样，出现无法吸收到可观测量中去的无穷大发散项。玻色子质量的产生问题既没有出现在量子电动力学中，也没有出现在量子色动力学中，原因在于这些理论中的规范玻色子（光子和胶子）是无质量的。英国物理学家希格斯等理论学家建议，借助于一个标量场来引入规范玻色子的质量。这样的标量场现在被称做希格斯场（Higgs field），它造成了规范对称性的自发破缺，而规范玻色子的质量就是以这种方式被引进来的。该机制叫做希格斯机制。

牛顿：什么是对称性自发破缺？

海森伯：我给您举个简单的例子。考虑这湖中的水，它是完全均匀同质的。我们现在使它降温，水结成冰，于是我们得到冰花状晶体，如同雪花的晶体。这些晶体具有六重结构，它们不再是均匀同质的。因此与平移有关的对称性破坏了，而这就叫做对称性自发破缺。

图13.1 希格斯。

爱因斯坦：这个我懂。可为什么这种对称性破缺与质量有关呢？

哈勒尔：在希格斯机制中，对称性破缺是由一个标量场引发的。该标量场与自身和规范玻色子都有相互作用。标量场的自相互作用是以这样一种方式破坏对称性的：标量场在真空中获得了一个不为零的值，这个值叫做真空期望值。

假如这个模型是正确的，那么人们可以用费米常量来确定真空期望值。费米常量描述了诸如中子的 β 衰变等弱相互作用的强度。人们利用费米常量的观测值，得到的真空期望值大约为 246 GeV，其中 GeV 代表十亿电子伏。为了计算 W 玻色子和 Z 玻色子的质量，人们需要知道另一个参量，该参量通常被称做弱混合角 θ_W，人们可以在实验中把它测量出来。利用该混合角的实验测量值，我们得到 W 玻色子的质量大约为 80 GeV，而 Z 玻色子的质量大约为 91 GeV。这些结果与实验符合得很好。

倘若规范玻色子的质量是通过希格斯机制产生的，该理论就像量子电动力学理论一样，是一个可重正化的理论，即可以把无穷大发散项吸收掉。可是在这样一个理论中却不可能计算出费米子的质量，比方说电子的质量。费米子质量源自希格斯机制，原因在于费米子与标量场发生相互作用，而相应的未知耦合常数决定了费米子的质量。

希格斯场描述的是一种电中性的标量粒子，叫做希格斯粒子，它至今依然是个假想粒子。欧洲核子研究中心的大型电子对撞机曾一度寻找过希格斯粒子，但除了得到该粒子的质量下限约为 115 GeV 以外，一无所获。或许这个粒子会在欧洲核子研究中心通过新的大型强子对撞机而被找到，或者人们有可能发现有别的方式产生粒子的质量。

海森伯：你能告诉我们，怎样做才能发现希格斯粒子吗？

哈勒尔：我只提一下最简单的方式吧。假设希格斯粒子的质量约为200 GeV，它可以在大型强子对撞机上通过两个质子的对撞产生出来，并且主要衰变成两个Z玻色子。每个Z玻色子转而衰变成一个μ子及其反粒子，因此人们会观测到两个能量相当高的μ子和两个反μ子。这样的事例很容易探测。

我们也可以寻找希格斯粒子的其他衰变过程。因为不知道它的质量，我们也就不知道其主要衰变过程的概率有多大。假如希格斯粒子存在，其质量或许处在115 GeV和500 GeV之间*。

前面已经说过，我们对轻子和夸克的质量起源一无所知。费米子的质量也有可能源自这些粒子的次级结构，如同质子的质量是由质子的夸克—胶子结构产生的。轻子和夸克的质量展示出一种有趣的谱，从大约等于0.1电子伏的微小的中微子质量延伸到173 000兆电子伏的巨大的"顶"夸克质量。

上世纪初，人们观测到氢原子的能级，它所显示出来的结构很简单，但是依然神秘莫测，直到量子理论的出现人们才得以解释氢原子的能谱。轻子和夸克的质量谱仍旧未被理解。我们不知道还需要多久才能建立起这些粒子质量起源的理论。

到目前为止，我们已经讨论了轻子和夸克的质量，以及传递弱相互作用的玻色子的质量。对于宇宙中的稳定物质而言，只有电子的质量与其相关。但是在我们的宇宙中，可见物质的质量主要来源于原子核的质量，而原子核的质量是由质子和中子的质量决定的。

在量子色动力学理论中，我们可以计算质子和中子质量的主要部

---

* 2012年7月发现的希格斯粒子其质量约为125 GeV。详情可参阅《希格斯——"上帝粒子"的发明与发现》（上海科技教育出版社，2013年8月）。——译者

分，它是由夸克和胶子的永久禁闭而产生的。质子的质量实质上是质子内部的夸克和胶子所拥有的场能量——这种场能量是可以计算的。这是我们第一次得以计算一个粒子的质量，因此可以说我们已经取得了一些进展。

然而，电子的质量依旧是个谜。该质量也是某种场能量吗？比方说，电子的组分粒子的场能量？如果是那样的话，电子就拥有次级结构。但我们不知道电子的半径究竟有多小；实验给出的上限大约为 10^{-17} 厘米。因而无论如何，电子的尺寸一定远远小于质子。

费恩曼：我们停止讨论吧。爱因斯坦先生，咱们应该中断航行，该去吃午饭了。

他们到达施维洛湖的尽头，并接近一个名叫费希的小村落。他们要在那里买些食品。大约 20 分钟后，他们买到了面包、牛奶、黄油、葡萄酒、奶酪、火腿和匈牙利腊肠，在湖边的一个牧场享受了一顿野外午餐。

第十四章 自然界的基本常量

野餐之后，物理学家们到附近的森林作徒步旅行。他们一小时后回到船上，重新开始了航行。

哈勒尔：今天下午我想讨论一下自然界的基本常量的问题。

牛顿：这些常量是什么？

哈勒尔：第一个常量，即引力常量，是由您在很久以前引入物理学的。基本常量是一个出现在自然定律中而且无法被计算的数——它只能通过实验来确定。您的引力常量就属于这种类型。

牛顿：是的，我知道，引入这个常量使我头疼。我不喜欢无法被计算出来的常量。但除了我的引力常量之外，还有其他常量吗？

费恩曼：有。而且不幸的是，如今这样的常量还真不少。在粒子物理学中，至少存在 32 个不同的常量。有些常量刚好是整数：空间的维数，在我们这个世界等于 3；或者时间的维数，它等于 1。另一个常数是夸克的色的数目，在量子色动力学中等于 3，而轻子—夸克家族的数目也是3。

牛顿: 你为什么提到空间维数呢？ 空间很显然是三维的。

哈勒尔: 不一定。 现今有许多物理学家在思考九维或十维空间，因而其中存在至少六个额外的维度，它们尽管不会在大的空间尺度上显现，但却可能会在很小的空间尺度上起作用。

费恩曼: 咱们现在不要关注细节。 人们在上个世纪提出了一个叫做标准模型的理论，它能够描述基本粒子的物理性质和过程。 标准模型描述了物质粒子（即场论所描述的轻子和夸克）的相互作用，一个精通数学的物理学家用几行公式就可以把这个模型写下来。

可是大多数粒子物理学家理所当然地认为，标准模型并非一个终极理论，而只是终极理论的一个很好的近似。 在这种情况下，人们在实验中应该会发现有些现象偏离于标准模型的预言，不过到目前为止什么都没观测到。

最著名的基本常量是被称做 α 的精细结构常数，它是由索末菲于1916年在慕尼黑提出来的。 它可由电荷 e 的平方除以普朗克常量 h 和光速 c 给出，即

$$\alpha = \frac{2\pi e^2}{hc}.$$

精细结构常数是第三个被引入物理学的基本常量，前两个分别是牛顿的引力常量和1897年所发现的电子的质量。 但精细结构常数与引力常量或电子质量不同，它是一个纯粹的数，没有任何量纲。 因此人们有可能在一个终极理论中计算出这个数，不过现在我们只能通过实验测定，目前已知的数值达到了很高的精度：$\alpha = 1/137.035\,999\,76$。该结果的倒数相当接近于整数137，这是一个素数。

137这个数是自然科学中最有名的数字，它不仅对于原子物理学

很重要，而且对于所有科学分支和工程学都很重要。电磁相互作用是由量子电动力学来描述的，在这个理论中精细结构常数是一个自由参数。

α 的这个特殊数值对于我们的日常生活来说至关重要。假如 α 的取值稍有不同，许多东西将会很不一样，因为原子和分子的结构依赖于 α 的数值。只有当精细结构常数和其他基本常量取特定的值时，生命才有可能出现在宇宙之中。为什么这些常量具有特定的数值？没有人知道原因何在。一种可能的解释是在我们的世界中存在无穷多个宇宙，而每个宇宙具有不同的基本常量。我们生活在其基本常量恰好适合生命存在的宇宙之中。当然，在其他宇宙中不存在任何生命。

哈勒尔：我在加州理工学院的时候，我们经常在"雅典娜神庙"餐厅吃午饭。那是1975年，有一次我们谈到了精细结构常数。您告诉我，所有的理论学家都应该在黑板上写下"137——我们对它近乎无知。"我吃完午饭回来以后，进了您的办公室，您当时不在，我就在您的黑板上用很大的字体写下了"137——费恩曼对它近乎无知。"我记得这句话在您的黑板上保留了很长时间。

费恩曼：不错，我喜欢这句话，还真是这么回事。强相互作用也是由量子场论来描述的，即描述夸克之间相互作用的量子色动力学理论。在这个理论中也存在一个自由参数，与精细结构常数类似，它的数值必须由实验来确定。但与精细结构常数不同的是，强相互作用的耦合常数严格说来根本就不是一个常数，它依赖于所研究的物理过程的能量。在能量大约为100 GeV时，人们发现该常数的值约等于0.12。

哈勒尔：是的。因此在我们的宇宙中，稳定物质是由引力常量

G、精细结构常数 α、强相互作用的耦合常数 α_s、电子的质量以及 u 夸克和 d 夸克的质量来描述的。这 6 个参数（参量）决定了原子物理学与核物理学。

但是如果我们把不稳定的粒子考虑进来，常量的数目就会增加。不稳定的粒子通过弱相互作用衰变，其相互作用强度由另一个类似于精细结构常数的自由参数以及 W 玻色子和 Z 玻色子的质量给出。其他轻子的质量，即 μ 子和 τ 子的质量，也是自由参量。这些粒子是不稳定的。μ 子比电子大约重 200 倍，而 τ 子比电子大约重 3500 倍。此外，还存在 4 种不稳定的重夸克，用 s、c、b 和 t 来表示。这些夸克在粒子碰撞过程中产生后，会衰变掉；而在这些衰变过程中，又将出现新的参量，它们通常用三个混合角和一个相位参量来描述。该相位与 CP 对称性（即电荷共轭与宇称联合对称性）的破坏有关。

我们知道，中微子也具有质量，而且它们像夸克那样会相互混合。一般而言，存在 3 个中微子质量、3 个混合角和 3 个相位参量，

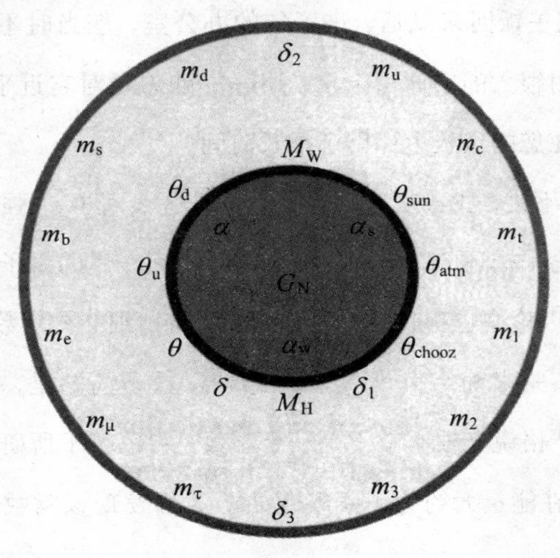

图 14.1　28 个基本常量。

后者描述 CP 对称性破坏。因而在标准模型中存在 28 个基本常量。

爱因斯坦:这些基本常量来自何处呢?

哈勒尔:没有人知道它们来自何处。我们可以在实验中很好地确定这些常量,但是我们无法理解它们的数值。自然常量象征着我们知识水平的低下。对于物理学家而言,引入一些只有通过实验才能确定的常量是不令人满意的。这些常量是由我们目前还不了解的自然定律决定的吗?或者,这些常量只是由大爆炸所决定的宇宙偶然事件吗?假如大爆炸再发生一次,我们得到的或许是不同的常量。

爱因斯坦:28 个基本常量——这是一个非常大的数字。在我的引力理论中,我只拥有一个常量,即牛顿的引力常量。

哈勒尔:一直有不少人试图减少基本常量的数目,但迄今为止没有取得任何成功。我们还是更详细地考虑其中一些常量,首先是精细结构常数。关注一下加蓬,非洲西部的一个国家。20 亿年前在那里有一个很大的铀矿床,离奥克劳河不远。河水渗透进铀矿层。如果铀 235 衰变的话,就会产生中子。河水起到了减速剂的作用,然后链式反应就开始了。因此在加蓬有一个运行了五十万年左右* 的天然反应堆,它早在费米在芝加哥建造第一台人工反应堆之前 20 亿年就存在了。

对奥克劳地区的岩石所做的精确分析会给出发生在 20 亿年前的核反应的相关信息,也会给出核物理学相关参量的信息。特别有趣的是稀土元素钐。如果一个钐原子核与一个中子对撞,那么这个中子可能会停留在钐原子的原子核中,于是我们就得到了钐元素的同位

* 该数字来自于弗里奇教授和译者的邮件交流,和本书英文版中所给的数字(1 亿年)有很大的不同,但与德文版中所给的数字基本一致。——译者

素，它比钐元素本身多携带一个中子。这个反应的截面特别大，因为该反应的阈值附近是一个核共振态。这个共振态的质量也依赖于精细结构常数。假如这个常数随时间变化，共振态的位置也会发生变化。因此人们发现精细结构常数在过去20亿年中每年的变化最大不应该超过10^{-16}。然而，这一点只有当其他基本常量——如核子的质量——保持不变的情况下才是对的。

海森伯：好极了！这意味着精细结构常数在过去的20亿年中根本没发生变化。

哈勒尔：如果其他常量也变化的话，这么说可能就不对了。若干年前，天体物理学家们通过研究遥远星系和遥远类星体中的原子来研

图14.2　位于夏威夷冒纳凯阿火山上的凯克 (Keck) 望远镜。

究精细结构常数。来自澳大利亚、英国和美国的物理学家用夏威夷的凯克（Keck）望远镜做了这个实验。他们观测了大约150个类星体，并研究了铁、镍、镁、锡和银的原子。他们发现了精细结构常数随时间的微小变化：$\Delta\alpha/\alpha=-(0.54\pm0.12)\times10^{-5}$。他们还研究了各种不同空间方向的类星体，但却没有发现精细结构常数在空间上的变化。倘若做一个线性近似，人们就会发现精细结构常数随时间的变化：每年改变1.2×10^{-15}。

费恩曼：可是这个结果与奥克劳的数据并不相符。

哈勒尔：没错，但是倘若其他常量也发生变化，比如强相互作用的耦合常数有所变化，那么上述问题就会消失。

爱因斯坦：精细结构常数 α 由 $e^2/\hbar c$ 给出，因而 α 随时间的变化也许来自 h 或者 c 随时间的变化，或者来自 e 随时间的变化。

哈勒尔：爱因斯坦先生，我对您的评论感到吃惊。假如 c 依赖于时间的话，您的相对论就没有任何意义了。

爱因斯坦：的确，你是对的——这对于我的理论而言将会是个灾难。我们忘掉 c 随时间的变化。可 h 随时间的变化也将会是相当糟糕的事情，果真如此的话量子理论就需要改变。那么我们还是忘掉这种可能性吧。因此 α 随时间的变化一定来自 e 随时间的变化。

海森伯：您真的认为电荷 e 随时间变化吗？

费恩曼：为什么不可能呢？电荷描述了作用在一个带电物体上的力，而这样的力随着时间缓慢地变化，没问题呀！

哈勒尔：如今我们假设：在很高的能标，标准模型可以嵌入一个所有相互作用的大统一（Grand Unification）理论之中。在这样一个理论中，描述各种相互作用强度的耦合常数汇聚到一起，即在很高的能标只存在一种统一的力。

只有在描述统一的相互作用的耦合常数依赖于时间的情况下，精细结构常数随时间的变化才可能发生。但另一方面，精细结构常数随时间的变化意味着弱相互作用和强相互作用随时间的变化。强相互作用随时间的变化意味着原子核的质量及其磁矩随时间的变化。我计算得到的强相互作用随时间的变化会比精细结构常数随时间的变化快大约40倍。那样，原子核的磁矩随时间的变化也许可以在激光物理学中被观测到。我那些在伯尔尼从事激光物理学的同事告诉我，慕尼黑的亨施（Theodor Hänsch）* 说不定能够观测到这种磁矩随时间的变化。我曾在慕尼黑做了一个学术报告，并且当场遇到了亨施。

他告诉我，他目前已经完成了一个实验，在这个实验中他将铯原子钟的运动与氢原子在光谱仪中的跃迁做了比较。我问他，为什么这件事很有趣？他回答说："我利用铯原子钟测量了一种特定的超精细跃迁，它依赖原子核的磁矩。但氢原子的跃迁属于正常的原子跃迁，只依赖 e。情况也许会是这样：在超精细跃迁和正常跃迁之间存在着相当大的差异，因为前者是磁矩起的作用。"我马上对这个问题产生了兴趣。

海森伯：我知道你为什么会对这个问题感兴趣。假如强相互作用随时间变化的话，磁矩也会变化。

哈勒尔：没错！我期望磁矩随时间的变化可以被观测到。一个铯原子钟明天的频率将不同于今天的频率。

牛顿：你所期待的效应能有多大？

---

* 亨施因对激光技术和精确光谱学的杰出贡献而荣获了2005年的诺贝尔物理学奖。——译者

哈勒尔:天体物理学家所观测到的效应意味着精细结构常数在线性近似下每年改变 1.2×10^{-15}。如果我把这个数字乘以 40，我得到的核子质量与磁矩随时间的变化约为每年5×10^{-14}。在慕尼黑的马克斯·普朗克量子光学研究所，亨施和他的研究小组在这一数量级上寻找强相互作用随时间的变化，但是他们没有发现任何效应。因此强相互作用随时间的变化一定小于每年 5×10^{-14}左右。该实验也许会在未来得到改进，使其精度达到每年约 10^{-17}。

爱因斯坦:他们或许什么都发现不了。

哈勒尔:我应该提及另外一个实验。来自荷兰的一个小组利用位于智利的欧洲望远镜研究了非常遥远的类星体中的氢原子跃迁，这些类星体距离地球大约 120 亿光年。研究人员测定了质子质量和电子质量的比值，结果发现这一比值不同于我们今天所测量到的数值，其变化为 10^{-5}的数量级。在线性近似下，如果假设电子的质量保持不变，人们发现质子的质量每年会有数量级为 3×10^{-15} 的相对变化。这一变化并不大，但足以使得激光物理学家能够发现某种效应。

费恩曼:自然常量十分奇特。它们也许属于宇宙偶然事件，但是在这种情况下，正如许多宇宙学家相信的那样，我们的宇宙并不是唯一的，而只是众多（或许无穷多）宇宙中的一员。每个宇宙都有它自己的自然常量。人们不应该再谈论什么宇宙了，而应该谈论多元宇宙。当然，如果真是这种情况，就无法在更深层的意义上理解自然常量了。它们只不过是宇宙的偶然事件而已。

爱因斯坦:我们回到真实的世界，即我们的宇宙。费恩曼先生，你到底是怎么看到另一个宇宙的？我觉得这些想法毫无用处。我建议咱们现在停止航行，返回我的住所，然后出去吃晚饭。今天是我们讨论的最后一天，因为明天我们都不得不各奔东西。

牛顿：很遗憾，我们关于量子物理学的讨论现在必须结束了。起初我对量子是什么没有任何概念，此刻我对它的理解要比先前好得多。量子力学是一个给人印象深刻的理论。爱因斯坦先生，与您不同的是，我现在成为一位量子物理学家了。您让量子物理学诞生，但随后您就驱逐了这个小宝贝，而真正的物理学是由其他人做的，尤其是海森伯先生。您是个很差劲的父亲。不过现在让我们忘记物理学，驱车前往波茨坦吃一顿好饭。

第十五章　结　　局

第二天早上，他们全都乘出租车赶到柏林的泰格尔机场。爱因斯坦和费恩曼从那里乘坐汉莎航空公司的班机飞往华盛顿，牛顿乘坐英国航空公司的班机飞往伦敦。之后哈勒尔和海森伯驱车来到火车总站。哈勒尔乘坐火车去伯尔尼，而海森伯则前往慕尼黑……

火车离开马格德堡站以后，突然停了下来。哈勒尔醒了，他意识到自己一直在沉睡，而且一直在做着和爱因斯坦、费恩曼、海森伯和牛顿相会的梦。他走到餐车，喝了一杯咖啡。

哈勒尔回想着自己的梦。他认识海森伯，因为他曾经在慕尼黑的马克斯·普朗克研究所工作过。他也和费恩曼在加州理工学院共过事，但却从未遇见过爱因斯坦。他感到好奇的是，牛顿会怎样看待量子力学。

大约一小时之后，火车到达柏林总站。哈勒尔乘坐地铁来到法兰西大街，然后走到御林酒店。他是在御林广场的一家牛排餐厅吃的晚饭，坐在梦里曾经坐过的同一张餐桌旁边——几天前他和爱因斯坦、费恩曼、海森伯以及牛顿一起在那里共进晚餐。

第二天上午吃过早饭后，哈勒尔去了位于猎手大街的科学院大楼。科学院的会议在上午九点钟准时开始。

物理学家小传

爱因斯坦

阿尔伯特·爱因斯坦出生于1879年3月14日。他的父亲赫尔曼·爱因斯坦（Hermann Einstein）是个商人，他的母亲名叫葆琳（Pauline）。爱因斯坦一家于1880年迁到慕尼黑，赫尔曼·爱因斯坦和他的兄弟在那里开办了一家规模不大的电器工厂。他们的公司是第一家为慕尼黑十月节以及慕尼黑的施瓦宾周边的大部分地区供应电力照明的企业。

爱因斯坦在学校是个好学生，尤其在自然科学方面成绩突出。他读了很多书，特别是科普著作。他是1885年开始上学的，一年之后开始学习小提琴。从1888年起，他就读于慕尼黑的路依波尔德中学。

19世纪90年代初，爱因斯坦家的公司申请破产。他们全家离开德国，前往意大利米兰。阿尔伯特为完成自己的中学教育，留在了慕尼黑。但是他与学校之间产生了一些麻烦。于是他在1894年决定，不要毕业证书就离开学校，去米兰和他的家人团聚。

阿尔伯特随后在苏黎世的瑞士联邦理工学院申请到一个读书的机会。由于没有中学毕业文凭，他不得不参加一个考试，可是他没有通过。在接下来的一年中，他进入阿劳中学并获得了毕业证书。在阿劳期间，他住在温特勒（Winteler）的家中。温特勒先生是阿尔伯特的中学老师，他的儿子保罗（Paul）后来与爱因斯坦的妹妹玛雅（Maja）结了婚。1896年，爱因斯坦开始了他在联邦理工学院的学习生活。

他在1900年带着可以当数学教师和物理学教师的毕业文凭离开了大学。他申请了苏黎世的联邦理工学院以及瑞士的其他大学的助教职位，但都没有成功。1901年，爱因斯坦成为瑞士公民。1902年6月，他在伯尔尼的专利局获得了一个工作职位。

在学习期间，爱因斯坦遇到了他未来的妻子，来自塞尔维亚的米列娃·马里奇（Mileva Maric）。她当时也在联邦理工学院读书。他们于1902年结婚，生育了两个儿子：汉斯·阿尔伯特（Hans Albert，1904—1973）和爱德华（Eduard，1910—1965）。他们一家从1903年10月到1905年5月住在杂货街49号，如今那里变成了一家小博物馆。

1905年，爱因斯坦26岁。他在这一年发表了他最重要的几篇论文。1905年6月，他将自己的论文《论动体的电动力学》（*On the electrodynamics of moving bodies*）投到《物理学年鉴》（*Annalen der Physik*）。之后他又发表了题为《物体的惯性依赖能量吗？》（*Is the inertia of a body depending on the energy*?）的论文。在这篇文章中出

现了著名的公式 $E=mc^2$。这两篇论文成就了狭义相对论。

1909 年，爱因斯坦在苏黎世大学获得了一个特殊的教职。1911 年，他接受了布拉格德语大学的教授职位，不过一年之后他就返回了苏黎世，成为联邦理工学院的教授。

1914 年初，普朗克成功说服爱因斯坦来到柏林科学院。爱因斯坦成为威廉皇帝研究所的所长兼柏林洪堡大学教授。他在 1916 年发表了广义相对论。1919 年，爱因斯坦与妻子米列娃离婚。不久之后他和表姐埃尔莎·勒文塔尔（Elsa Löwenthal）结婚。

1919 年 5 月，由爱丁顿（Arthur Eddington）领导的一组英国天文学家在巴西观测到了太阳引力所导致的恒星光线的偏移，证实了广义相对论的预言。爱因斯坦一夜之间成为全世界最著名的科学家。他在 1921 年获得了诺贝尔奖，但不是因为他的相对论，而是因为他在 1905 年所做的关于光电效应的工作。

1930 年，爱因斯坦在靠近波茨坦市的卡普特小村庄买下了一块土地，并造起了他的避暑别墅。在接下来的两年中，爱因斯坦夏天都住在卡普特。1932 年秋，他去了美国，特别到访了位于帕萨迪纳的加州理工学院。他没有再返回德国，因为希特勒于 1933 年 1 月当上了德国总理。

就在同一年，爱因斯坦成为新成立的普林斯顿高等研究院的成员。他在普林斯顿期间住在默瑟大街 112 号。爱因斯坦致力于引力和电磁力的统一理论，但他并没有找到他一直苦苦寻找的普适公式。

1939 年 8 月，就在第二次世界大战爆发之前不久，爱因斯坦签署了一封由西拉德（Leo Szilard）起草、写给美国总统罗斯福（Franklin D. Roosevelt）的信，信中指出德国人制造原子弹的危险性。于是曼哈顿计划启动了。1945 年，两颗原子弹在日本爆炸了。

1952 年，爱因斯坦被给予一个成为以色列总统的机会，但是他没有接受。1955 年 4 月 18 日，爱因斯坦在普林斯顿逝世，享年 76 岁。

费　恩　曼

理查德·费恩曼于 1918 年 5 月 11 日出生在纽约附近的法洛克卫，并在那里生活，直到 1935 年去麻省理工学院开始他的大学生涯时才离开。1939 年，他前往普林斯顿，在惠勒（John Wheeler）的课题组攻读博士学位。在自己的博士论文中，费恩曼采用狄拉克先前的思想，发展了量子力学的路径积分方法。

像许多自己的同事那样，费恩曼在获得博士学位以后去了洛斯阿拉莫斯国家实验室，为曼哈顿计划工作。1945 年夏天，他在新墨西哥的阿拉莫戈多附近亲眼见证了第一枚原子弹的爆炸。第二次世界大战结束以后，费恩曼在位于纽约州伊萨卡的康奈尔大学获得了理论物理学教授职位。他于 1951 年离开伊萨卡，接受了加州理工学院的教授职位。

1942 年，理查德和女友阿琳·戈林鲍姆（Arlene Greenbaum）结婚。阿琳于 1945 年死于肺结核。费恩曼与自己的第三任妻子格威妮丝（Gweneth）养育了两个孩子：卡尔（Carl）和米歇尔（Michelle）。*

* 据《迷人的科学风采——费恩曼传》（上海科技教育出版社，2014 年 6 月），儿子卡尔生于 1962 年，女儿米歇尔是他在 1968 年收养的。——译者

费恩曼的研究工作涉及现代物理学的许多领域，尤其是量子电动力学、核物理学、粒子物理学和固体物理学。1965年，他由于对量子电动力学的贡献而与施温格和朝永振一郎共同获得了诺贝尔奖。费恩曼是他那个时代最重要的物理学家之一，他的强项在于他能够把非常复杂的问题简化成几个基本的特征和要素。他发现在量子电动力学中许多量子现象可以用图示来描述，如今这些图示被称做费恩曼图。《费恩曼物理学讲义》(*Feynman Lectures on Physics*) 也确实很有名。

1968年，费恩曼利用他关于强子的部分子模型 (parton model)，可以解释在斯坦福直线加速器上所发现的有趣结果。后来人们发现部分子只不过是量子色动力学理论中的夸克和胶子。费恩曼对量子色动力学理论怀有浓厚的兴趣，直到他去世前的三周，他还在讲授量子色动力学。

1988年2月15日，费恩曼因癌症病逝于洛杉矶。

海　森　伯

1901年12月5日，维尔纳·海森伯出生于德国巴伐利亚州北部的维尔茨堡。他的父亲奥古斯特·海森伯 (August Heisenberg) 于1910年在慕尼黑大学获得了语言学教授的职位。维尔纳·海森伯于1920年通过了中学毕业考试，之后进入慕尼黑大学攻读物理学。在索末菲教授的指导下，他于1923年完成了博士论文。他随后去了格丁根大学，在玻恩的课题组工作。一

年以后，他接受玻尔的邀请，前往哥本哈根研究所。

当时没人懂原子现象的理论。海森伯和他的朋友泡利都属于最先要求放弃由玻尔和索末菲所提出的原子理论的概念的人。泡利也是索末菲在慕尼黑的学生。海森伯开始致力于发展量子力学的一种新形式体系。1925 年 6 月，为了躲避花粉热，海森伯旅行来到了北海的黑尔戈兰岛。他发现他的新形式体系（即矩阵力学）可以很好地描述原子的性质，新的量子力学于是诞生了。

1927 年，海森伯获得一个为玻尔作助理的职位。他发现在原子现象中总是存在一种不确定性，即不可能同时测量一个粒子的位置和动量。这种不确定性遵从一个不确定关系：$\Delta p \times \Delta q \approx h$。因此，不像在经典力学中那样，在原子理论中不存在严格的因果关系。新的量子理论是一个关于概率的理论，这一点由海森伯在格丁根的导师玻恩特别提了出来并予以强调。

1927 年秋天，年仅 26 岁的海森伯被授予莱比锡大学的教授职位。他在那里尤其致力于量子力学的相对论性推广的研究。他和泡利一起在 1929 年发展了相对论性量子场论，特别是量子电动力学。在 1932 年人们发现中子之后，海森伯开始从事原子核理论的研究。他意识到一种新的短程力，即强相互作用，一定负责了核子（质子和中子）之间力的传递。

1932 年，年仅 31 岁的海森伯由于建立了量子力学的公式化体系而获得了诺贝尔奖。

1942 年，海森伯接受了威廉皇帝研究所的职位，并兼任柏林洪堡大学教授。他在那里主要研究核反应堆。第二次世界大战结束之后，海森伯因涉嫌帮助纳粹德国发展核弹技术而被拘留在英格兰的“农园堂”（Farm Hall）好几个月。他在那里听到了美国把原子弹投放到广岛的消息，对美国的物理学家能够制造出这样的炸弹表示十分惊讶。

战后的海森伯非常积极投身于重建德国的科学事业。他是新成立于格丁根的马克斯·普朗克物理研究所的第一任所长。上世纪 50 年代末，这个研究所迁到了慕尼黑。海森伯晚年主要从事基本粒子的非线性旋量理论的研究。

海森伯也是坐落在日内瓦附近的欧洲核子研究中心的创始人之一。作为洪堡基金会的主席，他邀请其他国家的青年科学家到德国来开展长期的研究工作。1976 年 2 月 1 日，海森伯在慕尼黑去世。

牛　顿

1643 年 1 月 4 日，牛顿出生于英格兰的伍尔斯索普。他先念完小学，然后在伍尔斯索普附近的格兰瑟姆中学（又名国王中学）读书。之后牛顿进入剑桥大学的三一学院。剑桥的物理学教授巴罗 (Isaac Barrow) 发现了牛顿在科研方面的杰出才能，对他栽培和举荐有加。牛顿对数学和物理学都深有研究，并发现了微分和经典力学方程。1669 年，年仅 26 岁的牛顿接替巴罗，继任剑桥大学的卢卡斯教授职位。

牛顿在历史上被归于最伟大的科学家之列。他对经典力学、光学、数学和化学都做出了根本性的重要贡献。然而，他对物理学的贡献比他对其他领域的贡献更为重要。

在他的《自然哲学的数学原理》（*Philosophiae Naturalis Principia Mathematica*）一书中，牛顿发表了引力定律。他将第一个自然常量引入物理学，这就是牛顿引力常量 G。他可以证明开普勒的定律来自于他的引力定律。他提出了绝对时间和绝对空间的概念。1905年，爱因斯坦发现这些概念必须被相对论的时空观所代替。

牛顿于1727年3月31日在伦敦逝世，他被安葬在威斯敏斯特教堂。

译　后　记

有机会再次把哈拉尔德·弗里奇教授的科普著作译成中文并推荐给广大读者，对我来说是件极其开心的事。

我和哈拉尔德最初相识于 1992 年 9 月，当时他应我的导师杜东生研究员的邀请，第一次访问北京。杜老师是哈拉尔德的老朋友，曾经将他那本十分出名的科普著作《夸克》翻译成中文，影响了那个时代很多有志于研究粒子物理学的年轻人。在杜老师的强力推荐下，哈拉尔德欣然同意支持我申请德国久负盛名的洪堡博士后奖学金。我在 1993 年 3 月获得了洪堡基金会的资助，7 月顺利拿到中国科学院高能物理研究所的理学博士学位，10 月携妻子来到慕尼黑大学物理系，成为哈拉尔德的第一个中国博士后和最重要的青年合作者。

尽管在慕尼黑工作和生活的时间前后加起来只有六年左右，但是我和哈拉尔德的学术合作在过去的十九年中从未间断。我们一起合作发表了大约 20 篇学术论文，这些工作涉及轻子和夸克的质量起源问题、味混合与 CP 对称性破坏以及中微子振荡等国际前沿热点课题，在很大程度上丰富和发展了味物理学。其中特别值得一提的重

《你错了，爱因斯坦先生！》的作者弗里奇教授与该书译者邢志忠研究员在纪念量子力学的创始人之一海森伯诞辰100周年的国际会议上。（2001年9月，德国巴伐利亚州的巴姆贝格。照片的摄影者是1999年诺贝尔物理学奖得主韦尔特曼。）

要工作包括中微子味混合的“民主”模式、弗里奇—邢参数化方案、弗里奇—邢质量矩阵和我们的专题综述性论文《夸克和轻子的质量与混合机制》。除了科学上的合作研究，哈拉尔德和我也分享了很多生活上的乐趣。我们差不多每天都交换电子邮件，差不多每个月都互通电话，差不多每年都互访或者相约在第三国的学术活动中见面。哈拉尔德无疑是我在西方世界最重要的朋友和合作者，与他的这份友谊是我一生的财富。哈拉尔德本人也很看重我们的友情。事实上在他的长期合作者中，老中青三个年龄段的代表人物分别是美国的盖尔曼、瑞士的闵可夫斯基（Peter Minkowski）和我本人，相应的文化符号恰好来自三大洲。

作为国际一流的理论物理学家，哈拉尔德的科普作品也是世界水平的，并且给他带来了不小的声誉和财富。他曾经很得意地告诉我，很多年轻人选择物理学是因为读了他的科普图书。我对此深信不疑，因为我的同行和朋友、海德堡大学的罗德约翰（Werner Rodejohann）博士就亲口对我说，他本人就是在上中学时读了《夸克》一书之后下定决心走上高能物理学研究之路的。我一直坚持认为，一个国家的科普水平和科研水平是相辅相成的。欧美各国的科普水平之所以很高，其中一个重要原因是很多第一流的科学家在做科普，比如哈拉尔德。中国的科普水平之所以相当低，原因之一在于我们的科学水平还不够高。试想一个青年学子读到一本科普图书，发现里面一些大名鼎鼎的科学家就是自己的同胞甚至同乡或校友，他或她所感受到的激励和鼓舞也许远远大于只是听到和看到一些伟大而遥远的名字。所以中国的科学家必须要追赶世界先进水平，让我们的后代更有信心地继往开来，为人类的科学和文明做出更为自豪的贡献。

将哈拉尔德的科普佳作介绍给中文读者，是我早在慕尼黑工作时就有的想法。2005 年“世界物理年”期间，江向东先生、黄艳华女士和我在上海科技教育出版社的帮助下出版了哈拉尔德的《改变世界的方程》中译本。这是一部关于相对论的科普读物，里面涉及的人物包括爱因斯坦、牛顿和哈拉尔德本人的化身哈勒尔教授。他们以对话的方式讨论相对论的来龙去脉，就像伽利略在《关于两大世界体系的对话》中所采用的写作手法那样。这种生动有趣的表达形式，可以令读者更容易地理解相对论的本质。哈拉尔德运用了同样的写作技巧，在2008年推出了他讲解量子力学的科普新作《你错了，爱因斯坦先生！》的德文版。该书的英文版于2011年初问世，而它的中译本则刚刚在邢紫烟和我的手中杀青。

值得注意的是，《你错了，爱因斯坦先生！》的英文版和德文版的内容并不是完全一一对应的，前者在一定程度上是后者的简化版。我们的中译本主要基于该书的英文版，但是当遇到一些表述不清或有错误之嫌的语句时，我们参考了德文原版并和哈拉尔德做了必要的沟通。说实话，英译本的质量是不尽人意的，所以我们力求把中译本做好，给中文读者还原一个比较满意的作品。在此感谢哈拉尔德对本书的翻译工作所给予的大力支持和帮助！

在翻译过程中，我们对书中人物的说话口吻做了如下中国式的定位：牛顿和爱因斯坦属于老前辈，他们之间相互以“您”来称呼，而对其他人则直呼“你”；海森伯对牛顿和爱因斯坦使用尊称“您”，而对费恩曼和哈勒尔则使用“你”；费恩曼对哈勒尔直呼“你”，而对其他前辈则使用尊称“您”；哈勒尔对牛顿、爱因斯坦、海森伯和费恩曼都以“您”来称呼。有趣的是，德文原版中他们相互都很客气地使用尊称“您（Sie）”。但是英文中的“您”和“你”都是“You”，不太好区分。所以上述称谓上的定位，只反映了译者的个人感觉。特别要提及的是，在书名的翻译中我们选择了“你”而不是“您”。我们希望所有读者在读完这本书之后，都可以亲切地告诉天堂中的爱因斯坦：你错了，老前辈！量子力学的今天远远地超出了你当初的想象……

这一次我仍旧选择了上海科技教育出版社，是基于2005年那次成功的合作。当时《改变世界的方程》一书的责任编辑是郑华秀女士，她的敬业精神和专业水准给我留下了深刻印象，也保证了那本书后来获得好几个科普图书奖。所以当我年初做了翻译《你错了，爱因斯坦先生！》的决定后，立即与华秀取得了联系。她对这次合作很感兴趣，做了很多前期的准备，也以不断表扬的温和方式给我施加了很多无形的压力。我相信，华秀接下来的编辑工作将会显著提升中译本的质量。感谢她即将投入到这本书中的热情、智慧和时间！

上海科技教育出版社的王世平副总编对本书给予了不少关心。尤其难得的是，世平在每次听我抱怨稿酬太低的时候，都以宽容和向前看的姿态叫我不得不把全部心思都放在科普著作的社会效益上。感谢她和出版社的大力支持！

马克斯·普朗克物理研究所的周顺博士在第一时间发现了《你错了，爱因斯坦先生！》英译本中的一些错误。这提醒我在后来的翻译工作中小心翼翼，并经常参考德文原版或者直接向哈拉尔德求证意思含混之处。感谢周顺的敏锐，以及他阅读中译本初稿时的耐心和纠正其中若干不妥之处的善意！

能够有机会和自己的女儿合作，我感到十分开心。哈拉尔德对我们这次父女合作的积极态度，给了紫烟和我不少勇气。紫烟很出色地完成了自己那一部分翻译工作。难能可贵的是，紫烟对待那些令她头大和找不到北的专业名词和术语，表现出了值得称道的坚韧和执着。这种不轻言放弃的精神，将会是她未来人生的宝贵财富。感谢紫烟的愉快合作！

最后感谢紫烟和我的共同领导王勤女士！作为一个家庭的CEO，她在生活上给予了我们最大程度的关心和支持，使这本书的翻译得以提前完成。作为本书的第一位读者，她的点头认可就是对我们所有付出的最好奖赏。

邢志忠
2011 年 7 月 18 日
北京

图书在版编目(CIP)数据

你错了，爱因斯坦先生！：牛顿、爱因斯坦、海森伯和费恩曼探讨量子力学的故事/（德）哈拉尔德·弗里奇(Harald Fritzsch)著；邢志忠，邢紫烟译.—上海：上海科技教育出版社，2017.4

(世纪人文系列丛书.开放人文)

ISBN 978-7-5428-5857-3

Ⅰ.①你… Ⅱ.①哈… ②邢… ③邢… Ⅲ.①量子力学—普及读物 Ⅳ.①O413.1-49

中国版本图书馆CIP数据核字(2017)第055603号

责任编辑　郑华秀

装帧设计　陆智昌　朱赢椿　汤世梁

你错了，爱因斯坦先生！——牛顿、爱因斯坦、海森伯和费恩曼探讨量子力学的故事

[德]哈拉尔德·弗里奇　著

邢志忠　邢紫烟　译

出　版　世纪出版集团　上海科技教育出版社
　　　　(200235　上海冠生园路393号　www.ewen.co)

发　行　上海世纪出版集团发行中心

印　刷　上海商务联西印刷有限公司

开　本　635×965 mm　1/16

印　张　11.5

插　页　4

字　数　154 000

版　次　2017年4月第1版

印　次　2017年4月第1次印刷

ISBN 978-7-5428—5857-3/N·1006

图　字　09-2011-484号

定　价　31.00元

Sie irren, Einstein!
Newton, Einstein, Heisenberg und Feynman diskutieren
die Quantenphysik
by
Harald Fritzsch